前　言

  人类对人工智能的探索从未止步,从传统的机器学习到今天的深度学习、强化学习、迁移学习及其各种混合模式学习,我们已经能够在某些具体的应用上创造出具有"自我决策"和"思考能力"的智能体。在此次人工智能浪潮中,得益于计算能力的提高,IT 类企业和科研机构利用其掌握的大数据资源和硬件平台,结合新的人工智能算法、模型和框架,实现了一系列的人工智能和大数据应用。

  基于博弈论的二人零和博弈思想,伊恩·古德费洛(Ian Goodfellow)于 2014 年提出一种新的深度学习模型——生成式对抗网络(generative adversarial networks,GAN),对无监督学习进行了创新和探索。GAN 的通用框架一般包括生成模型(generative model)和判别模型(discriminative model),使用深度神经网络,两种模型相互博弈学习,产生输出。当前,GAN 是人工智能领域的一个研究热点和难点,被广泛应用于计算机视觉、自然语言处理及其他相关应用领域;但 GAN 也存在模式坍塌、收敛和梯度消失等缺陷。因此,学术界和产业界结合各类具体、复杂的人工智能应用,提出和设计了多种 GAN 的变体。

  2017 年 10 月至 2018 年 11 月,笔者有幸受邀在美国罗德岛大学(University of Rhode Island)进行学术访问,在何海波(Haibo He)教授的指导和支持下,对人工智能、GAN 和大数据分析进行了相关研究,本书内容都是笔者访学期间及其后续的科研成果,华南理工大学黄浩建、占聪聪、谢健邦、崔笑天、黄景浩和陈增隆等同学参与了相关的研究工作。

  本书共分为 8 章,研究内容涉及人工智能、GAN 和大数据智能分析。

  第 1 章主要介绍基于 Spark 的 LSTM 智能分类算法设计与实现。在机器学习算法中,需要对数据进行迭代操作。Apache Spark 作为一款轻量级大数据分析引擎,相比传统的 Hadoop MapReduce 优势明显。我们选用 Apache Spark 作为智能分类算法的计算框架和基础平台,优化长短期记忆网络(long short-term memory,LSTM),提出一种基于 Spark 的 LSTM 智能分类算法,实验结果显示新的算法不仅能保持良好的性能,还能减少模型训练时间。

  第 2 章提出一种基于强化学习策略的生成式对抗网络。强化学习是一种再励学习

（增强学习），智能体在与环境的交互过程中通过学习策略以争取最大的报酬，并以此实现特定目标问题求解。我们使用强化学习策略对 GAN 进行改进和优化，使用交叉熵损失函数和策略梯度算法实现 GAN 的训练，从理论上验证其可行性。在实验中，我们通过对比手写体数字的生成效果以及模型的收敛情况来评价基于强化学习的对抗生成网络的生成效果。

第 3 章设计了一个融合强化学习和 GAN 的文本智能生成系统。人工智能飞速发展，人们对更为自然的人机交互方式的需求越发迫切。我们融合强化学习解决了生成式对抗网络无法直接用于文本生成任务的问题，设计了序列生成式对抗网络模型并将其应用于现实场景当中，最终实现一个文本智能生成系统，并设计了一个聊天机器人。

第 4 章实现基于 GAN 的智能图片生成器设计，主要的研究内容如下：①对数据集进行预处理，以符合特定 GAN 框架的计算所需；② GAN、DCGAN 和 SRGAN 的原理分析和实现；③围绕核心算法模块，以 Cocos2d scene-layer 框架为基础实现整个图片生成器；④对生成器的执行流程和图片生成效果进行评估。

第 5 章设计了融合迁移学习和 GAN 的 Googleplay 评价分析系统。迁移学习通过迁移运用相关领域问题上已有的知识，达到解决目标领域问题的目的。我们提出基于 SeqGAN 的迁移策略，实现基于迁移学习的 Googleplay 评价分析系统，解决了目标领域中标注数据较少（没有）的问题，减少用户在 Googleplay 上挑选应用程序所花费的时间。

第 6 章实现基于迁移学习和 GAN 的电商评价分析系统。在机器学习和数据挖掘领域中有一个重要假设：训练数据和目标数据在同一特征分布空间中，并具有相同的分布，但实际应用中两个领域的数据分布往往不是同构的。迁移学习作为新的学习框架，能够基于现有的数据和模型对新领域的数据进行建模。我们在 SeqGAN 基础上提出基于 GAN 的迁移学习方法，在文本上实现迁移，设计了一个基于迁移学习的电商评价分析系统，并通过实验验证方法的有效性。

第 7 章研究大数据应用中高维多视图数据的智能聚类算法。针对大数据应用中的高维多视图数据的复杂特征，提出一种新型的高维多视图数据智能聚类算法。首先，加权距离函数中使用不同的视图和特征权重来确定对象的聚类；其次，通过混沌粒子群算法来计算初始聚类中心、视图权重和特征权重；最后，在聚类模型中还设计了集群聚类之间的耦合程度，以扩大聚类的差异性。在 Apache Spark 和 Single Node 两种不同的计算平台上对五个高维多视图数据集进行测试和验证，实验结果证明了该算法在各种大数据应用中的有效性。

第 8 章实现大数据驱动的农产品供应链的可信调度。针对大数据驱动的农产品供应链管理，提出一种可信的供应链调度方法。提出一种新的大数据驱动的农产品供应

陶乾 著

人工智能与生成式对抗网络

·广州·

图书在版编目（CIP）数据

人工智能与生成式对抗网络/陶乾著. —广州：华南理工大学出版社，2024.5（2025.3重印）

ISBN 978-7-5623-6770-3

Ⅰ.①人… Ⅱ.①陶… Ⅲ.①人工智能－研究②机器学习－研究 Ⅳ.①TP18

中国版本图书馆CIP数据核字（2021）第133927号

人工智能与生成式对抗网络

陶乾 著

出 版 人：房俊东
出版发行：华南理工大学出版社
（广州五山华南理工大学17号楼，邮编510640）
http://hg.cb.scut.edu.cn E-mail：scutc13@scut.edn cn
营销部电话：020-87113487 8111048（传真）
责任编辑：刘 锋
责任校对：刘惠林 梁晓艾
印 刷 者：广州小明数码印刷有限公司
开 本：787mm×1092mm 1/16 印张：11.5 字数：265千
版 次：2024年5月第1版 印次：2025年3月第2次印刷
定 价：68.00元

版权所有 盗版必究 印装差错 负责调换

链管理的体系结构，通过循环神经网络和文本分析来支持农产品供应链的可信赖调度。此外，提出一种可信的农产品供应链调度优化模型和算法，以最大程度地减少时间和经济成本，并根据调度程序的要求确保可用性、可靠性和声誉。实验结果证明了该方法的有效性。

本书第1章由陶乾和占聪聪共同完成，第2章由陶乾和谢健邦共同完成，第3章由陶乾和黄景浩共同完成，第4章由陶乾和崔笑天共同完成，第5章由陶乾和陈增隆共同完成，第6章由陶乾和黄浩建共同完成，第7、8章主要由陶乾完成。华南理工大学软件学院研究生孙芳蕾、韩佳迪和郑月怡等参与了书稿的修订工作。感谢美国罗德岛大学何海波教授、华南理工大学王振宇教授在访学和项目研究中给予的指导和鼓励！感谢华南理工大学出版社的袁泽和刘锋在本书出版中给予的支持和帮助！

感谢我的妻子陈诗诗老师和我的家人，你们永远是我在前进道路上不懈奋斗的动力！

本书的出版还获得了以下项目的支持：2020年度华南理工大学出版基金：人工智能与生成式对抗网络；2019国家重点研发计划子课题（2019YFC1510400）：粤港澳大湾区极端天气气候灾害智能预警及靶向服务平台；2018广东省自然科学基金项目（2018A030313396）：基于Spark的溯源大数据分析优化方法与理论研究。

由于水平有限，本书中存在不足的地方，恳请各位专家学者批评指正，以求实现新的提升。

编者

2024年1月

目 录

1 基于 Spark 的 LSTM 智能分类算法设计与实现 1

    1.1 引言 1

    1.2 相关技术介绍 2

    1.3 LSTM 算法设计 10

    1.4 算法实现 15

    1.5 小结 25

    参考文献 25

2 基于强化学习策略的生成式对抗网络研究 27

    2.1 引言 27

    2.2 相关知识介绍 30

    2.3 GAN 网络设计 39

    2.4 实验与分析 45

    2.5 小结 49

    参考文献 50

3 融合强化学习和 GAN 的文本智能生成系统 51

    3.1 引言 51

    3.2 相关技术介绍 52

    3.3 融合强化学习和 GAN 的设计与实现 53

    3.4 作诗聊天机器人系统的设计与实现 59

    3.5 小结 70

    参考文献 70

4 基于 GAN 的智能图片生成器设计 72

4.1 引言 72
4.2 相关研究现状 72
4.3 相关技术介绍 74
4.4 基于 GAN 的智能图片生成器分析与设计 76
4.5 基于 GAN 的智能图片生成器实现 80
4.6 实验及结果分析 87
4.7 小结 90
参考文献 90

5 基于迁移学习和 GAN 的 Googleplay 评价分析系统 92

5.1 相关技术介绍 93
5.2 基于迁移学习的 Googleplay 评价分析系统的分析与设计 97
5.3 基于迁移学习的 Googleplay 评价分析系统的实现 101
5.4 实验及结果分析 108
5.5 总结 112
参考文献 112

6 基于迁移学习和 GAN 的电商评价分析系统设计 114

6.1 相关技术介绍 115
6.2 文本上基于 GAN 的迁移学习策略 118
6.3 实验 121
6.4 基于迁移学习的电商评价分析系统的设计与实现 125
6.5 总结和展望 133
参考文献 134

7 IWKM：大数据应用中高维多视图数据的智能聚类算法 135

7.1 相关知识介绍 136
7.2 高维多视图数据聚类模式 138
7.3 IWKM 算法 139
7.4 实验评价 142
7.5 总结 150
参考文献 151

8 大数据驱动的农产品供应链管理：可信赖的调度优化方法 154

8.1 相关技术介绍 155
8.2 提出的方法 156
8.3 实验 163
8.4 结论与未来研究 170
参考文献 171

1 基于 Spark 的 LSTM 智能分类算法设计与实现

1.1 引言

万物互联时代，数据量巨大，传统的单机处理方式已经不能满足对计算能力和时间效率的需求。随着云计算技术逐渐成熟，许多的机器学习算法可以实现并行化并且运用在云平台上，大大减少计算时间。在传统的云平台中，Apache Hadoop 最具代表性，它实现了 MapReduce 的编程规范。但由于 MapReduce 计算过程中会将每次产生的中间结果存入磁盘，后续操作如果想调用上一个结果必须进行 I/O 操作，因此 MapReduce 不适合进行迭代计算。加州大学伯克利分校的 MPLab 于 2009 年开发了 Spark 大数据处理框架，它将计算机中间结果直接保存在内存当中，因此比其他的大数据处理框架（包括 Hadoop）快很多倍。相比 Hadoop，Spark 框架具有很多优势，因此受到很多大公司的青睐。Google、阿里巴巴等国内外许多互联网公司纷纷将自己的大数据处理框架换成 Spark。

对于当前热门的大数据、人工智能领域来说，数据是最重要的，许多研究都基于数据进行。公司通过深入挖掘、分析用户生成的数据信息，并且运用分析所得的数据，完善平台、为用户提供个性化服务。互联网已经和当下人们的生活融合，渗透到衣食住行各个方面。数据爆炸的时代背景下，许多研究人员把精力放在数据挖掘上，如何快速准确地分析海量数据中真正有用的数据已成为大数据研究的热点。由于数据量不断增加，以往的单机串口模式已不能满足数据处理效率的要求。随着云平台的广泛应用，数据处理速度提高了很多，数据挖掘算法也越来越多，算法的并行化逐渐成为研究的热点。本章主要研究基于 Spark 平台实现并优化 LSTM 分类算法。

1.2 相关技术介绍

1.2.1 面向大数据的分布式数据处理技术

1. Spark 简介

速度对于大数据处理来说是非常重要的指标，速度快意味着可以在相同的时间内进行更多的数据处理操作甚至可以执行交互式数据操作。Spark 是一个快速且通用的集群计算平台，相比 MapRdeuce 拥有更快的数据处理速度。其原因是 Spark 基于内存计算，运算过程中产生的中间结果直接保存在内存中，MapReduce 则会将中间结果存入磁盘当中，I/O 操作会耗费大量的时间。即使必须在磁盘上进行相关的计算，Spark 也更有优势。

同时，Spark 还提供许多接口。开发人员可以使用 Python、Java、Scala 和 SQL 多种语言调用相应语言的 API，这极大地方便开发人员。Spark 可以运行在 Hadoop 集群上，也可以访问 Hadoop 数据源包括 Cassandra。

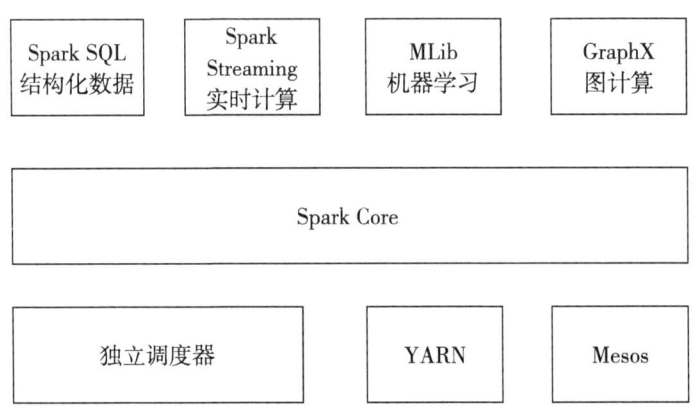

图 1-1 Spark 软件栈

注：独立调度器、YARN、Mesos 指不理器。

图 1-1 所示为 Spark 软件栈的内容，在 Spark Core 中包含了对弹性分布式数据集（resilient distributed dataset，RDD）的 API 进行了定义。

除了 Spark Core 之外，Spark 还提供了 Spark SQL、Spark Streaming、MLib、GraphX 等多个组件，以供不同需求场景进行使用。

2. RDD 简介

RDD 是一个弹性分布式数据集，是 Spark 对于数据的核心抽象。一般通过以下方式创建 RDD：①通过从外部文件系统例如 HDFS、HBase 等或本地文件系统读出文件创建 RDD；②从先前的转换获取一个新的 RDD；③通过 parallelize 或 makeRDD 来创建。

创建 RDD 后,可以执行两种类型的操作:转换操作和动作操作。

转换操作时通常不会触发提交作业,只是返回新 RDD,这些操作只会完成作业中间过程的处理操作。常见的转换操作包括 map、persist、union、filter、cache 等。

动作操作是数据集的实际计算。在操作中,Spark 将计算 RDD 并将最终结果返回给驱动程序或外部存储系统。常见的操作包括 foreach、saveAsTextFile、count 等。

RDD 编程过程中的另一个重要特性是 RDD 转换操作属于惰性评估。在执行操作之前,Spark 不会开始计算,因此在 RDD 上调用转换操作时,操作不会立即发生。

3. Spark 与 Hadoop

目前,Hadoop 框架和 Spark 框架是最流行的两个分布式处理框架。

Hadoop 框架包括 HDFS 存储平台和 MapReduce 计算框架。但两者有许多区别,Hadoop 的 HDFS 平台具有高度容错能力,能够处理非常大的文件,并且可以部署在低成本的机器集群上,是一个非常好的分布式数据处理平台,允许开发人员充分了解分布式底层细节,还能开发使用群集进行快速计算和数据存储的程序。MapReduce 计算框架广泛用于大数据处理。通过 MapReduce 计算框架,使得开发人员无须过多关注底层细节,如自动并行化、负载均衡等,只需专注于功能程序的编写。同时,MapReduce 计算框架具有高度可扩展性。但是 Hadoop 也有一个严重的缺点,就是它不适合实时应用程序。对于大数据的处理,从源数据到目标数据的转换需要多次 MapReduce 计算。每次处理数据时,都需要从 HDFS 读取数据,从而导致大量磁盘 I/O 操作和消耗大量时间。

相比之下,Spark 框架虽然需要更高的资源,例如机器内存,但优点也很明显:可在内存中计算,应用程序数据可存储在 RDD 中,大大减少磁盘的 I/O 操作;Spark 程序还能通过多个转换操作(如 map 或 filter)构建源数据到目标数据的整体转换过程,并在一个程序运行中完成转换过程。Spark 框架中的这些优点可以极大地提高数据处理的效率。

1.2.2 TensorFlow

1. TensorFlow 简介

TensorFlow 是一个 Google 开源的人工智能学习框架。张量(tensor)代表一个 N 维数组,即计算所需要的数据;流(flow)表示基于数据流图的计算。人工智能神经网络的分析和处理过程就是把 N 维数字从流程图的一端流向另一端。TensorFlow 中有几个很重要的概念:图(graph)、会话(session)、变量(variable)、tensor、feed 和 fetch。在学习神经网络之前,首先要学习运用 TensorFlow 执行几个基本运算。

2. TensorFlow 编程

下面创建一个图(图 1-2),图中定义了一个简单的矩阵乘法,之后再定义一个会话,并且在会话中执行此图。

```python
# 引入TensorFlow包
import tensorflow as tf

# 创建一个常量v1，它是一个1行2列的矩阵
v1 = tf.constant([[2,3]])
```

```python
# 创建一个常量v2，它是一个2行1列的矩阵
v2 = tf.constant([[2],[3]])
```

```python
#创建一个矩阵乘法，这里要注意的是，创建了乘法后，是不会立即执行的，要在会话中执行才行
product = tf.matmul(v1,v2)
```

```python
# 这个时候打印，得到的不是它们乘法之后的结果，而是得到乘法本身
print (product)
```
```
Tensor("MatMul_1:0", shape=(1, 1), dtype=int32)
```

```python
# 定义一个会话
sess = tf.Session()
# 运算乘法，得到结果
result = sess.run(product)
# 打印结果
print (result)
# 关闭会话
sess.close()
```
```
[[13]]
```

图 1-2　TensorFlow 简单编程 1

创建一个变量，并且在会话中使用 for 循环对变量进行迭代加法操作（图 1-3）。

```python
# 创建一个变量num
num = tf.Variable(0,name = "count")
# 创建一个加法操作，把当前的数字+1，
new_value = tf.add(num,10)
# 创建一个赋值操作，把new_value赋值给num
op = tf.assign(num,new_value)

# 使用这种写法，在运行完毕后，会话会自动关闭
with tf.Session() as sess:

    # 初始化变量
    sess.run(tf.global_variables_initializer())
    # 打印最初num的值
    print(sess.run(num))
    # 创建一个for循环，每次给num+1，并打印出来
    for i in range(5):
        sess.run(op)
        print(sess.run(num))
```
```
0
10
20
30
40
50
```

图 1-3　TensorFlow 简单编程 2

有时需要预先定义一个变量，但只有真正执行时才会对它进行赋值，这时就可以先用占位符创建一个变量，需要赋值时再使用 feed 进行赋值操作（图 1-4）。

```
# 创建一个变量占位符input1
input1 = tf.placeholder(tf.float32)
# 创建一个变量占位符input2
input2 = tf.placeholder(tf.float32)

# 创建一个加法操作,把input1和input2相乘
new_value = tf.multiply(input1,input2)

# 使用这种写法, 在运行完毕后, 会话会自动关闭
with tf.Session() as sess:
    # 打印new_value的值,在运算时, 用feed设置两个输入的值
    print(sess.run(new_value,feed_dict={input1:23.0,input2:11.0}))

253.0
```

图 1-4　TensorFlow 简单编程 3

以上就是简单的 TensorFlow 编程。可以看出,TensorFlow 编程和 Python 编程相似,当熟悉这些简单的用法之后,实验当中的神经网络的搭建也就能顺利进行。

1.2.3　LSTM

1.2.3.1　LSTM 简介

LSTM（long short-term memory）由 Hochreiter 与 Schmidhuber 于 1997 年提出,是一种 RNN 特殊类型,并且在近期被 Alex Graves 进行改良和推广。LSTM 在很多领域像自然语言处理,基于时间的预测等都有很不错的成绩。LSTM 通过刻意的门控设计避免长期依赖问题,这些设计使得 LSTM 可以拥有默认记忆长期信息的能力。RNN 实际上是时间上复用的,可看成时间上的链式结构,而空间上只有一个模块。在标准的 RNN 中,这些重复的模块里面只包含一个简单的结构,如图 1-5 所示模块里面的 tanh 层。

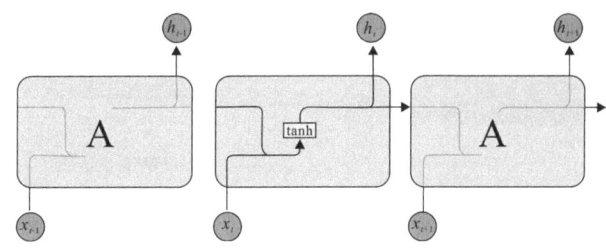

图 1-5　标准 RNN 中的重复模块包含单一的层

LSTM 和标准 RNN 一样是时间上重复的链式形式,但 LSTM 模块里面的结构则比 RNN 复杂很多,如图 1-6 所示,模块里面包含了四个结构,并且结构之间有很多联系,以一种复杂的形式进行交互。

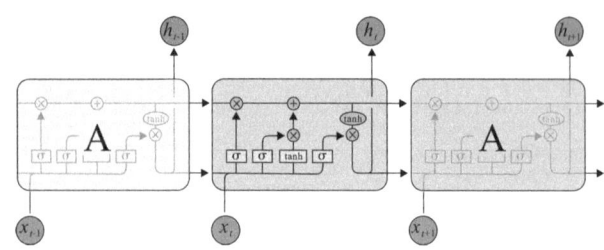

图 1-6 LSTM 中的重复模块包含四个交互的层

图 1-7 展示了 LSTM 模块里面用到的图标，具体含义如下。

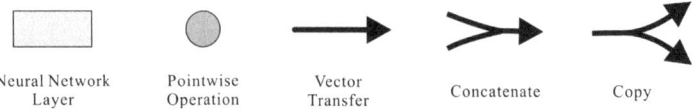

图 1-7 LSTM 中的图标

首先矩形框表示神经网络层，也称激活层，常用的激活函数有 sigmiod、tanh 等；圆圈表示向量或矩阵之间的逐点操作，常用的操作有加和乘；黑线表示数据的流动，从一个节点的输出到其他节点的输入；合到一起的箭头表示响亮的拼接；分开的箭头则表示将内容复制分发到多个位置。C_t 是 LSTM 最关键的一个状态，如图 1-8 所示，可以看到位于图形的顶部，有一条水平线穿过。细胞状态则在这条水平线上进行传输，这样做的好处可以减少信息的线性交互，便于实现信息在上面流动保持不变，这也就是 LSTM 能记忆长时期的信息的主要原因。

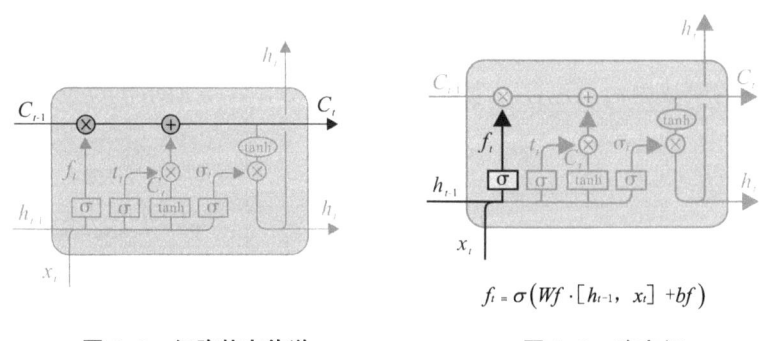

图 1-8 细胞状态传送　　　　图 1-9 遗忘门

1.2.3.2 LSTM 原理

1. 正向传播

如图 1-9 所示，遗忘门主要决定应该将什么样的信息从细胞状态 C_t 当中舍弃。这个门有两个输入 h_{t-1} 和 x_t，其中 h_{t-1} 为上一时间的输出，x_t 表示这一时间的数据输入，之后通过一个 sigmoid 的激活函数，输出一个 0～1 之间的数值。数值越大，越接近于

1,代表遗忘程度越大;数值越小,越接近于 0,代表遗忘程度越小。

如图 1-10 所示,输入门主要决定将什么样的新信息存放到细胞状态 C_t 中。这里包含了两个部分,第一部分为输入门层,实质为 sigmoid 激活函数,输出一个 0~1 之间的数值,决定要更新什么值。另一部分是通过 tanh 层产生 $\tilde{C}_t$,该向量中的值都在 -1~1 之间。在下一步中,会用这两个信息来对细胞状态 C_t 进行更新。

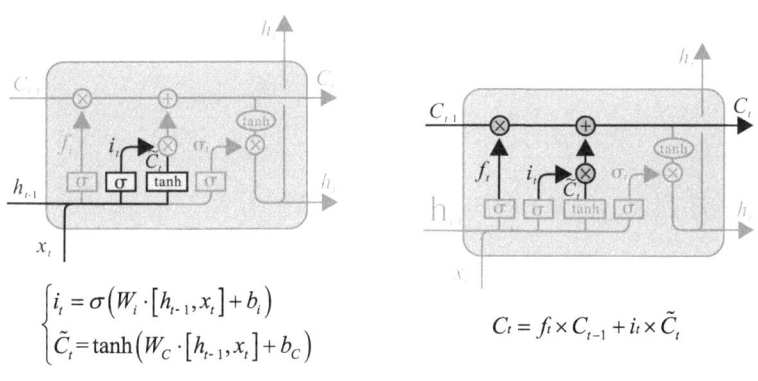

图 1-10 输入门   图 1-11 更新细胞状态

如图 1-11 所示,这一步将会运用上述遗忘门和输入门得到的信息对细胞状态进行更新,将 C_{t-1} 更新为 C_t。首先把上一时间的细胞状态 C_{t-1} 与 f_t 进行逐点相乘,这一操作会把不需要的信息丢掉。然后接着加上 $i_t \times \tilde{C}_t$,这一操作就是往细胞状态中添加新的信息。通过这两个操作就能得到这一时间的时报状态独分更新值 C_t。

如图 1-12 所示,输出门决定了要输出什么信息。这个输出值会基于上述更新后的细胞状态 C_t。这一过程也包含两个部分,首先将输入值通过一个 sigmoid 层,该层会输出一个 0~1 的数值,决定细胞状态中哪部分信息需要输出。然后把细胞状态通过一个 tanh 层,该层会得到 -1~1 之间的值。然后将这个值与之前得到的值进行点乘操作就能输出想要输出的信息。

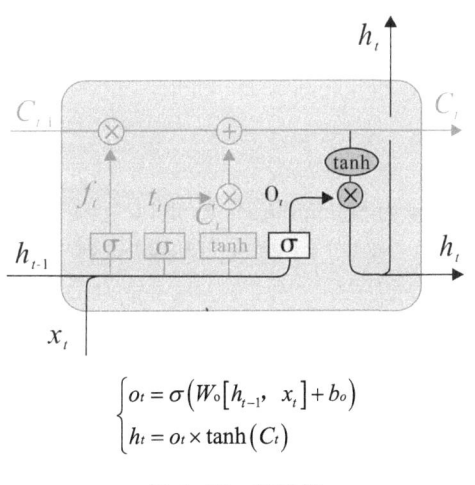

图 1-12 输出门

2. 反向传播

反向传播的关键就是计算基于损失函数的偏导数，然后再通过 Gradient Descent Algorithm 对参数进行更新。参考 RNN 计算反向传播思路，在 RNN 中，通过隐藏状态 $h(t)$ 的梯度 $\delta(t)$ 逐步向前传播来计算反向传播误差。LSTM 也类似，只不过比 RNN、LSTM 多了一个隐藏状态 $C(t)$。因此这里要定义两个 δ 来逐步反向传播，即：

$$\delta h(t) = \frac{\partial L}{\partial h(t)} \tag{1-1}$$

$$\delta C(t) = \frac{\partial L}{\partial C(t)} \tag{1-2}$$

而在最后的序列索引位置 τ 的 $\delta h(\tau)$ 和 $\delta C(\tau)$ 为

$$\delta C(\tau) = \frac{\partial L}{\partial h(\tau)} \frac{\partial h(\tau)}{\partial C(\tau)} = \delta h(\tau) \odot o(\tau) \odot (1 - \tanh^2(C(\tau))) \tag{1-3}$$

接着由 $\delta h(t+1)$ 和 $\delta C(t+1)$ 反向推导出 $\delta h(t)$ 和 $\delta C(t)$。$\delta h(t)$ 的反向推导和 RNN 中的类似，因为它的梯度误差由前一层 $\delta h(t+1)$ 的梯度误差和本层的输出梯度误差两部分组成，即：

$$\delta h(t) = \frac{\partial L}{\partial o(t)} \frac{\partial o(t)}{\partial h(t)} + \frac{\partial L}{\partial h(t+1)} \frac{\partial h(t+1)}{\partial h(t)} = V^T(\hat{y}(t) - y(t)) + W^T \partial(t+1) \mathrm{diag}(1 - (h(t+1))^2) \tag{1-4}$$

而前一层 $\delta C(t+1)$ 的梯度误差和本层的从 $h(t)$ 传回来的梯度误差两部分组成 $\delta C(t)$ 的反向梯度误差，即：

$$\delta C(t) = \frac{\partial L}{\partial C(t+1)} \frac{\partial C(t+1)}{\partial C(t)} + \frac{\partial L}{\partial h(t)} \frac{\partial h(t)}{\partial C(t)} = \delta C(t+1) \odot f(t+1) + \delta h(t) \odot o(t) \odot (1 - \tanh^2(C(t))) \tag{1-5}$$

有了 $\delta h(t)$ 和 $\delta C(t)$，计算这一大堆参数的梯度就很容易了。这里只给出 W_f 的梯度计算过程，其他如 U_f、b_f、W_a、U_a、b_a、W_i、U_i、b_i、W_o、U_o、b_o 的梯度同理类推。

$$\frac{\partial L}{\partial W_f} = \sum_{t=1}^{\tau} \frac{\partial L}{\partial f(t)} \frac{\partial C(t)}{\partial f(t)} \frac{\partial f(t)}{\partial W_f} = \delta C(t) \odot C(t-1) \odot f(t)(1 - f(t))(h(t-1))^T \tag{1-6}$$

1.2.4 LSTM 变体

（1）窥视孔连接由 Gers 与 Schmidhuber 于 2000 年提出，如图 1-13 所示。相比于 LSTM，细胞状态也直接流进了遗忘门、输入门和输出门，作为这些门的输入。

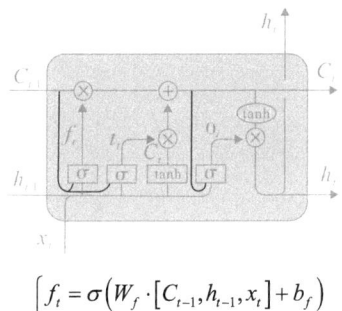

$$\begin{cases} f_t = \sigma\left(W_f \cdot [C_{t-1}, h_{t-1}, x_t] + b_f\right) \\ i_t = \sigma\left(W_i \cdot [C_{t-1}, h_{t-1}, x_t] + b_i\right) \\ o_t = \sigma\left(W_o \cdot [C_t, h_{t-1}, x_t] + b_o\right) \end{cases}$$

图 1-13　窥视孔连接结构

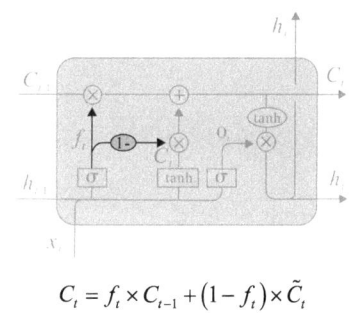

$$C_t = f_t \times C_{t-1} + (1 - f_t) \times \tilde{C}_t$$

图 1-14　CIFG 结构

（2）将输入门与遗传门结合（coupled input and forget gate，CIFG）：如图 1-14 所示，相比普通 LSTM，CIFG 拥有更简单的结构，这里统一用一个门来决定需要遗忘和需要添加的信息，输出门 i_t 的内容可以直接由 $1-f_t$ 得到，从而使得模型训练的参数更少。

（3）GRU：由 Cho 等于 2014 年提出，是非常流行的一个 LSTM 变体，被广泛使用。如图 1-15 所示，它将输入门和遗忘门组合成一个更新门，并且可以看到 GRU 结构只有一个状态，混合了细胞状态和隐藏状态。

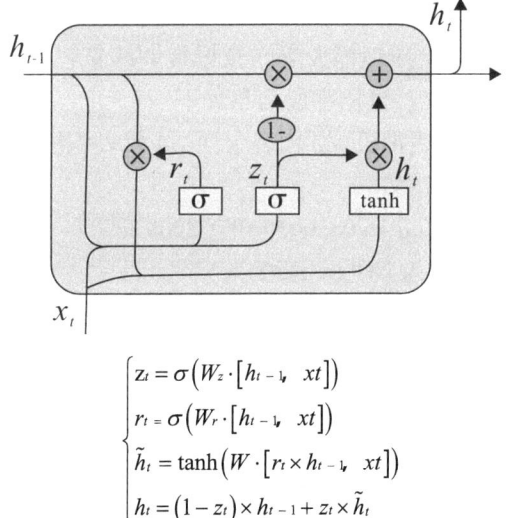

$$\begin{cases} z_t = \sigma\left(W_z \cdot [h_{t-1},\ x_t]\right) \\ r_t = \sigma\left(W_r \cdot [h_{t-1},\ x_t]\right) \\ \tilde{h}_t = \tanh\left(W \cdot [r_t \times h_{t-1},\ x_t]\right) \\ h_t = (1 - z_t) \times h_{t-1} + z_t \times \tilde{h}_t \end{cases}$$

图 1-15　GRU 结构

1.3 LSTM 算法设计

1.3.1 数据集介绍

1. MNIST 数据集

MNIST 数据集包含四部分：

① Training set images：train-images-idx3-ubyte.gz（包含 6000 个样本）；

② Training set labels：train-labels-idx1-ubyte.gz（包含 60 000 标签）；

③ Test set images：t10k-images-idx3-ubyte.gz（包含 10 000 个样本）；

④ Test set labels：t10k-labels-idx1-ubyte.gz（包含 10 000 标签）。

在 MNIST 数据集中的每张图片由 28×28 个像素点构成，文件中的图片数据都是以一维行向量进行储存的，每行包含 784 个灰度值。显示过程中需要对其进行 reshape 操作。labels 包含每张照片的分类标签，也就是照片代表的手写阿拉伯数字值。

2. IMBD 数据集

IMBD 数据集包含训练集和测试集，每个数据集包含 50 000 条评论，评论包括 positive 和 negative 两种类型，各占 50%，并且每条评论都是独立的 txt 格式文件。在数据集里面还包含与处理的字典，评论里面的单词都能在该字典中找到对应的数字索引。

3. Sentiment 140 数据集

Sentiment 140 数据集来自斯坦福大学，数据集训练集收集了 160 万条 Twitter 上的推文，并且给出了相应的标签。数据字段信息如下：

0——推文的极性（0 代表消极，2 代表中性，4 代表积极）；

1——推文的 ID（2193578576）；

2——推文的日期（Tue Jun 16 08:38:57 PDT 2009）；

3——查询（Obama 或者为 NO_QUERY）；

4——用户名（sanshenghua）；

5——推文内容（I love you!）。

尽管数据集的介绍中提到了中性类，但是在训练集中没有中性类数据，50% 标签为 0，表示消极；另外 50% 为 4，表示积极。

1.3.2 损失函数

常见的损失函数有平方损失函数、Hinge 损失函数、交叉熵损失函数。本实验所使用的损失函数为交叉熵函数：

$$C = -\frac{1}{n}\sum_x [y\ln a + (1-y)\ln(1-a)] \qquad (1-7)$$

式中，x 表示样本，n 表示样本的总数。那么，重新计算参数 w 的梯度：

$$\frac{\partial C}{\partial w_j} = -\frac{1}{n}\sum_x \left(\frac{y}{\sigma(z)} - \frac{(1-y)}{1-\sigma(z)}\right)\frac{\partial \sigma}{\partial w_j}$$

$$= -\frac{1}{n}\sum_x \left(\frac{y}{\sigma(z)} - \frac{(1-y)}{1-\sigma(z)}\right)\sigma'(z)x_j$$

$$= \frac{1}{n}\sum_x \left(\frac{\sigma'(z)x_j}{\sigma(z)(1-\sigma(z))}(\sigma(z)-y)\right)$$

$$= \frac{1}{n}\sum_x x_j(\sigma(z)-y) \qquad (1-8)$$

式中，

$$\sigma'(z) = \sigma(z)(1-\sigma(z)) \qquad (1-9)$$

通过上面的等式就可以将 w 的梯度公式中的 $\sigma'(z)$ 替换掉；另外，该梯度公式中的 $\sigma(z)-y$ 表示输出值与实际值之间的误差。因此，由式（1-8）可以看出当误差越大，梯度就越大，参数 w 调整得越快，从而训练速度也就越快。同理可得，b 的梯度为：

$$\frac{\partial C}{\partial b} = \frac{1}{n}\sum_x (\sigma(z)-y) \qquad (1-10)$$

1.3.3 激活函数

（1）sigmoid 函数：也称 Logistic 函数，用于神经网络隐层神经元输出，取值范围在（0，1），函数定义以及函数图像如图 1-16 所示。

$$f(z) = 1/(1+e^{-z}) \qquad (1-11)$$

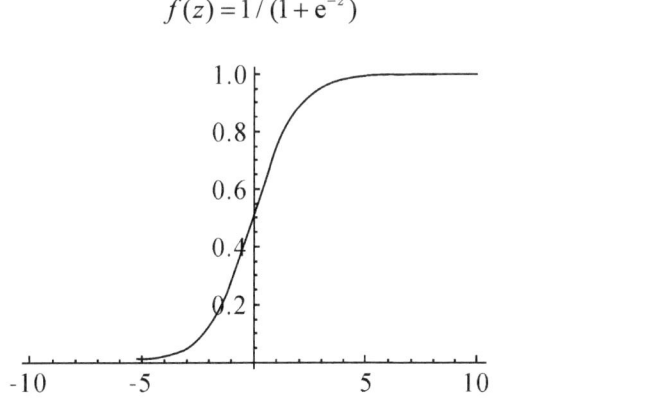

图 1-16 标准 sigmoid 函数

（2）tanh 函数：也称双切正切函数，取值范围在 [-1, 1]，函数定义见下式，函数图像如图 1-17 所示。

$$f(z) = (e^z - e^{-z}) / (e^z + e^{-z}) \tag{1-12}$$

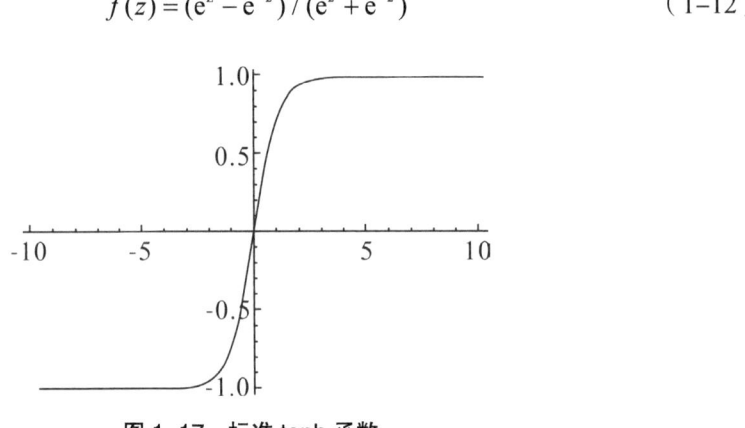

图 1-17　标准 tanh 函数

（3）Softmax 函数：用于多分类神经网络输出，函数定义见下式，示例如图 1-18 所示。

$$\sigma(z)_j = e^{z_j} / \sum_{k=1}^{K} e^{z_k} \tag{1-13}$$

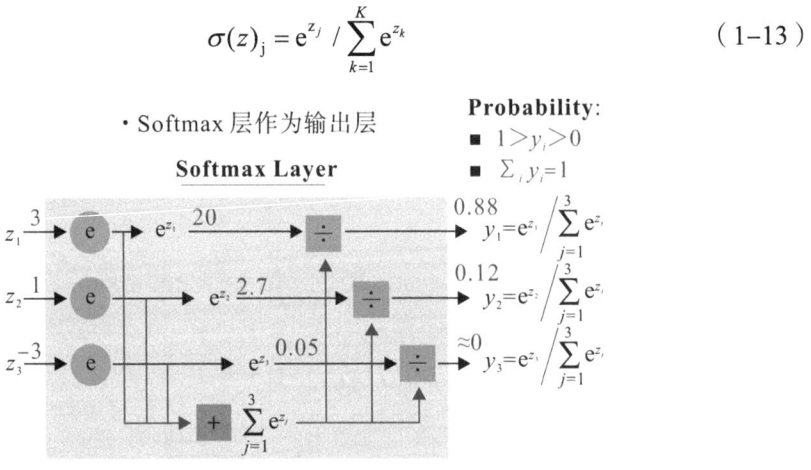

图 1-18　Softmax 示例

1.3.4　word2vec

在介绍 word2vec 之前先了解一下 one-hot 编码，也称为一位有效编码。以 IMDB 数据集为例，如果使用 one-hot 编码，那么首先要统计 IMDB 影评里面不同单词的个数 N，然后将每个单词编码成 [1, 0, 0, …, 0]，[0, 1, 0, …, 0] 一直到 [0, 0, 0, …, 1]，每个单词占有一个编码。这样做的好处是简单直接，但缺点也很明显。第一，一般来说单词的个数都是几十万甚至上百万的数量级，如果转换成 one-hot 编码结果可想而知。向量维度有多么大，训练起来就有多么困难。第二，这种编码并没有考虑到词与词之间的关联，词与词特别是前后关系一般相互影响很大。而在自然语言处理过程中，必须考虑词的前后关系，所以不得不通过其他方法克服这些缺点，于是引入 word2vec。

word2vec 可以将 one-hot 转换成词向量。如何通过 one-hot 数据训练得到相应的词向量？一般有两种方式：连续词袋模型（CBOW）和 Skip-Gram 模型。这两种训练的方式刚好相反。如图 1-19 所示，CBOW 是通过输入某个词上下关联词和输出这个词来训练。而如图 1-20 所示，Skip-Gram 模型则是通过输入特征词以及输出上下关联词来进行训练。

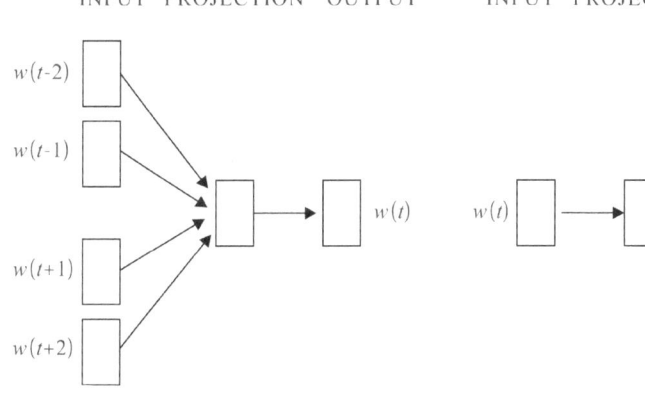

图 1-19　CBOW 模型　　　　图 1-20　Skip-Gram 模型

如图 1-21 所示，其实质就是一个一层的线性神经网络，通过训练得到隐藏层的权重 W。训练过程中使用的损失函数一般为交叉熵代价函数，并且通过反向传播来更新两个权重 W 和 W'。首先输入层是 C 个 $1 \times V$ 的向量，这里的 C 代表着上下文定义的个数，V 是字典大小。输入首先进行一个 $V \times N$ 的权重矩阵得到隐藏层，然后隐藏层使用线性激活，即将 C 个 $1 \times N$ 的隐藏层进行平均运算，然后再和 $N \times V$ 的矩阵权重相乘得到输出层，输出层通过 Softmax 就能和实际值比较算出 loss。训练完成后，权重矩阵 W 就是所求的词向量矩阵，若想求某个词的词向量只需要将这个词的 one-hot 与权重矩阵 W 相乘就能得到这个词的词向量。

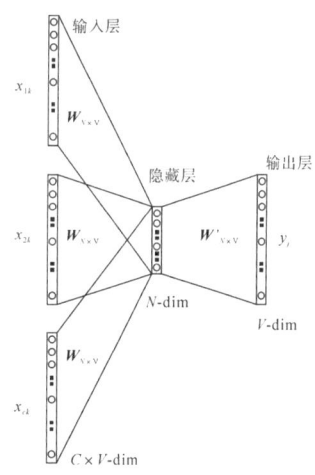

图 1-21　CBOW 模型

1.3.5　算法设计

1. 并行计算

并行计算主要运用在分布式系统中，其主要目的是加快模型的训练速度，主要分为模型并行和数据并行。如图 1-22 所示，模型并行时各个分布式中的机器负责神经网络模型的一部分参数更新。如图 1-23 所示，数据并行时每个分布式机器中都保存有完整的模型，每个模型利用分配到的数据子集进行训练，然后按照某种方式将各个模型参数进行合并。数据并行适用于数据量大、模型参数较少的情形，因此本次实验将采用数据并行来进行分布式训练模型。

数据并行时，由于每个分布式系统节点上都有一份完整的模型参数，因此怎样合并这些参数很重要。在这里选用最简单的参数平均法。参数平均法就是在合并各个节点模型参数时直接做平均操作，然后将平均后的值又分发到各个节点进行训练，重复以上操作直到训练结束。

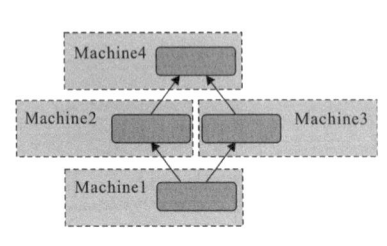

图 1-22　模型并行

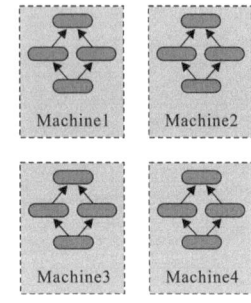

图 1-23　数据并行

2．算法步骤

（1）Spark 程序读入训练数据 D 转化为 RDD，然后将训练数据集 D 均分为 n 份子集 D_i，$D = \bigcup_{l=1}^{n} D_l$，并且 $|D_1|=|D_2|=\cdots=|D_n|=m$，然后再将数据 D_i 分发到第 i 个节点。

（2）各节点并行地利用 LSTM 算法对训练数据子集进行一个 epoch 的训练，通过梯度下降算法得到各个节点的更新权重参数 $W^{(i)}$。

$$w_j^{(i)} = W_{j-1}^{(i)} - \frac{\alpha}{m} \sum_{k=1}^{m} \frac{\partial L(x_k, y_k)}{\partial W_{j-1}^{(i)}}$$

（3）主节点将各子节点训练得到的权重参数通过 reduceByKey 收集，再通过求得平均值 $w = \frac{1}{n} \sum_{i=1}^{n} W$，然后将平均值 w 分发到每个节点。

（4）若达到收敛要求，则算法结束；否则，转至（3）。

该算法只涉及数据的并行，没有涉及模型的并行，因为每个节点都存有一份完整的权重参数 W，并且每个节点都要使用梯度下降对所有的参数 W 进行更新。

1.3.6　算法优化

如图 1-14 所示，将遗忘门与输出门结合，可以看出相较于普通 LSTM，CIFG 拥有更简单的结构，输出门 i_t 的内容可以直接由 $1-f_t$ 得到，从而使得模型训练的参数更少，理论上能加快模型训练速度。所以选用结构更加简单的 CIFG 替代 LSTM 进行实验。

1.4 算法实现

1.4.1 数据预处理

对于 mnist 数据集，因数据都是图片的灰度数值，所以可以直接喂入神经网络中训练。但是计算机只能识别数字，对于 IMDB 和 Sentiment140 这两个数据集，因都是语言文字，所以首先要对数据进行预处理，才能喂入神经网络中训练。

下面主要介绍 IMDB 与 Sentiment140 的数据清理过程以及将文字转换成词向量的过程。为方便起见，本书使用 Glove 提供的预训练的数据，这些数据主要包括两部分：① wordsList.npy 文件，该文件中包含 4 000 000 个词，相当于一本字典，每个单词都能在这个文件当中找到对应的索引值；② wordVectors.npy 文件，该文件中包含 400 000 个词向量，每个词向量为 50 维，这个文件就是 Glove 训练好的词向量，通过上述的索引值可以获得相应的词向量。

1. IMDB 预处理过程

首先是数据清洗工作。评论里面可能包含非字母、非数字等特殊字符，通常这些字符对文本意义不大，需要清除，并且把字母都转为小写字母：

```
strip_special_chars = re.compile("[^A-Za-z0-9]+")
str = re.sub(strip_special_chars, "", string.lower())
```

接下来要使用 wordsList.npy 文件将每条评论文本转化为数字向量形式，如 {"i","love","you"} 转化为 {1, 34, 654}。并且在转化过程中，使用可视化工具画出每条评论文本的单词个数后发现，大多数文本长度都集中在 250 以下，因此在文本转换过程中，文本长度超过 250 的将被直接截断，少于 250 的则直接补 0。对于 wordsList.npy 文件中没有出现的文字，则统一索引值为 399999。

```
split = str.split()
indexCounter = 0
for word in split:
    try:
        singleFile[indexCounter] = wordsList.index(word)
    except ValueError:
        singleFile[indexCounter] = 399999 #Vector for unknown words
    indexCounter = indexCounter + 1
    if indexCounter >= 250:
        break
```

通过以上的代码，最终可以得到一个大的索引矩阵 idsMatrix，每一行代表一个文本转换后的索引值。当需要喂入神经网络时，就可以根据 wordVectors.npy 文件将词向量喂入神经网络进行训练。

2. Sentiment140 预处理过程

相比 IMDB，Sentiment140 预处理过程要麻烦许多，因为这个数据集都是在 Twitter 里面选的推文，推文里面包含大量的干扰信息，所以首先要做的就是清洗数据，清除掉干扰信息。此外每条推文包含多个信息项，这里只保留 sentiment 和 tweet，为了便于训练，将积极文本的标签改为 1：

```python
def tweets_processing(filecontent, first, last):
    features = []
    labels = []
    for tweet in filecontent[first:last]:
        tweet = re.sub(', "[0|1|2|3|4|5|6|7|8|9].+", "', ', ', tweet)
        tweet = re.sub('((www\..+)|(https?://.+))', 'URL', tweet)

        tweet = re.sub('@[^\s]+', 'at_user', tweet)
        tweet = re.sub('[\s]+', '', tweet)
        tweet = re.sub(r'#([^\s]+)', r'\1', tweet)
        tweet = tweet.strip()
        tweet = re.sub('\n|"|@', '', tweet)
        tweet = tweet.lower()
        lab, feat = tweet[0], tweet[1:]
        features.append(feat)
        labels.append(lab)
    labels = [int(float(l)) for l in labels]
    labels = [1 if l==4 else l for l in labels]
    return features, labels
```

接下来就是同样使用 wordsList.npy 文件，将每条评论文本转化为数字向量形式，如{"i"，"love"，"you"}转化为{1，34，654}。在转化过程中，使用可视化工具画出每条评论文本的单词个数后会发现，大多数文本长度都集中在 30 以下，因此在文本转换过程中，文本长度超过 30 的将被直接截断，少于 30 的则直接补 0。对于 wordsList.npy 文件中没有出现的文字，则统一索引值为 399999。

```
counter =1
for nf in features:
        indexCounter = 0
        cleanedLine = cleanSentences（nf）
        split = cleanedLine.split（）
        for word in split:
            try:
                ids［counter］［indexCounter］= wordsList.index（word）
            except ValueError:
                ids［counter］［indexCounter］= 399999
            indexCounter = indexCounter + 1
            if indexCounter >= 30:
                break
        counter = counter + 1
```

同样的，通过以上的代码最终可以得到一个大的索引矩阵 idsMatrix，每一行代表一个文本转换后的索引值。当需要喂入神经网络时，就可以根据 wordVectors.npy 文件将对应的词向量喂入神经网络进行训练。

至此，实验用到的三个数据集的前期预处理工作就已经完成了，得到训练神经网络时，直接读入 idsMatrix 文件和 wordVectors.npy 文件即可。

1.4.2 基于 Spark 的 LSTM 智能分类算法

1.4.2.1 LSTM 向前传播过程实现

遗忘门决定了要从细胞状态 C_t 中舍弃什么信息：

ft=sigmoid（tf.matmul（ht，weight［'wf'］）+ \
           tf.matmul（input_data，weight［'wf'］）+ weight［'bf'］）

输入门决定了要往细胞状态 C_t 中保存什么新的信息：

it=sigmoid（tf.matmul（ht，weight［'wi'］）+ \
           tf.matmul（input_data，weight［'wi'］）+ weight［'bi'］）

c_ta=tf.tanh（tf.matmul（ht，weight［'wc'］）+ \
           tf.matmul（input_data，weight［b'wc'］）+ weight［b'bc'］）

更新细胞状态 C_t：

Ct=tf.add（ft * Ct，it * c_ta）

输出门决定了要从细胞状态 C_t 中输出什么信息：

```
ot=sigmoid(tf.matmul(ht, weight['wo']) + \
           tf.matmul(input_data, weight['wo']) + weight['bo'])
ht=tf.multiply(ot, tf.tanh(Ct))
```

将数据分成 timeStep 个数据切片,依次将数据切片输入上述 lstm cell 中,并且将得到的输出作为下一时间的部分输出,即可完成一次完整的基于时间序列的预测:

```
for i in range(self.timeStep):
    Data_ = data[:, i:(i+1), :]
    data_ = tf.reshape(data_, [batch_size, input_x])
    self.train_layer(data_)
```

1.4.2.2 LSTM 反向传播过程实现

一些超参数的设置:

```
epochs  # 数据训练轮数
hidden_units  # Lstm cell 的隐藏单元数
batch_size  # 每次训练的样本数量
num_classes  # 样本标签数 0-9,共 10 个类别
input_x  # 每个时间步喂入 cell 的像素点个数
time_steps  # 分 28 个时间序列
learning_rate  # 学习率
SIZE  # 训练样本的数量
```

样本数据与标签占位符定义:

```
x = tf.placeholder(dtype=tf.float32, shape=[None, time_steps, input_x], name='input_x')
y = tf.placeholder(dtype=tf.float32, shape=[None, output_y], name='output_y')
```

学习率使用指数衰减:

```
learning_rate = tf.train.exponential_decay(
    FLAGS.learning_rate,  # 学习率初始值
    global_steps,  # 训练步数
    int(10*SIZE/(FLAGS.partitions*batch_size)),  # 每多少步更新一次学习率
    0.99,  # 指数衰减率
    staircase = True)
```

全连接层:

weights = tf.get_variable（name="weights"，shape=［num_hidden_last，FLAGS.num_classes］，initializer=tf.truncated_normal_initializer（））
bias = tf.get_variable（name="bias"，shape=［FLAGS.num_classes］）
logits = tf.matmul（dense，weights）+ bias

计算 loss：

cross_entropy = tf.nn.sparse_softmax_cross_entropy_with_logits（labels=labels，logits=logits）
cross_entropy_mean = tf.reduce_mean（cross_entropy）
# 防止过拟合
weight_decay_loss = tf.get_collection（"weight_decay"）
total_loss = cross_entropy_mean + tf.add_n（weight_decay_loss）

调用 TensorFlow 中 GradientDescentOptimizer/AdamOptimizer 优化器减小 loss 更新权重：

optimizer = tf.train.GradientDescentOptimizer（learning_rate）
train_op = optimizer.minimize（loss，global_step = global_steps）

计算模型准确率：

correct_pred = tf.equal（tf.argmax（logits，1），labels）
accuracy = tf.reduce_mean（tf.cast（correct_pred，tf.float32））

1.4.2.3　Spark 程序实现

超参数设置：

master = 'local' # 使用 local 模式
spark_exec_memory = '2g' # 每个节点的运行内存设置为 2g
Partitions = 4 # 设置节点个数，可为 1，2，3，4

定义 SparkConf 对象，用于存储 Spark 程序的配置信息：

conf = SparkConf（）.setMaster（master_host + workers_master）.setAppName（"RNN-LSTM"）.set（"spark.executor.memory"，spark_exec_memory）

把 SparkConf 对象传给 SparkContext 对象，SparkContext 是 Spark 程序的核心，代表整个 Spark 程序，并将 Spark 程序重要的参数进行初始化：

sc = SparkContext（conf=conf）

以 Mnist 数据集为例，从 Mnsit 数据集中读出数据，并进行相应的处理：

```
mnist = input_data.read_data_sets（"./data/", one_hot=False）# 使用已有的接口读出数据
train_data = mnist.train.images［:SIZE］# 读出训练样本前 SIZE 个
train_label = mnist.train.labels［:SIZE］# 读出相应的标签
# 处理数据，将标签拼接到训练数据后面，以便后面的操作
train_ = process_data（train_data, train_label）
```

调用 parallelize 生成一个 RDD，并且调用 mapPartitions 对元素进行操作，csv_to_partitions 函数将数据平均分成 num_partitions 个子集：

```
training_rdd = sc.parallelize（train_, 1）.cache（）.mapPartitions（lambda data: csv_to_partitions（data, num_partitions））
```

调用 partitionBy 进行重新分区：

```
minibatch_rdd = training_rdd.partitionBy（partitions）
```

调用 mapPartitions，对每个分区独立进行模型训练：

```
weights_rdd = minibatch_rdd.mapPartitions（
        lambda x: train_rnn（x, net_settings, FLAGS）, True）
```

获取各个分区的训练参数，并且调用 reduceByKey 将相同 key 的值进行相加：

```
out = weights_rdd.filter（lambda x: len（x）== 2）.collect（）
out_=sc.parallelize（out）
weights_total = out_.reduceByKey（lambda x,y: np.array（x）+np.array（y））.collect（）
```

将收集的参数和求平均即为所求模型的参数：

```
for e in weights_total:
    weights_mean［e［0］］= np.array（e［1］）/partitions
```

然后将平均后的参数分发给各个节点，进行各个节点的权重更新：

```
rnn_model.resetWeight（weights_mean）
```

1.4.2.4　LSTM 算法优化实现

优化实现即 CIFG 实现与 LSTM 实现基本一致，在本次实验中唯一不同的地方就是前向传播时输入门的实现部分，由于遗忘门 f_t 和输入门 i_t 合并成一个门，故这里只需要将 i_t 的计算换成 $i_t = 1-f_t$ 即可，具体实现如下：

将遗忘门与输入门相结合：

```
ft=sigmoid（tf.matmul（ht，weight［'wf'］）+ \
            tf.matmul（input_data，weight［'wf'］）+ weight［'bf'］）
it = 1 – ft
c_ta=tf.tanh（tf.matmul（ht，weight［'wc'］）+ \
            tf.matmul（input_data，weight［b'wc'］）+ weight［b'bc'］）
```

更新细胞状态：

```
Ct=tf.add（ft * Ct，it * c_ta）
```

输出门决定了要从 cell state 中输出什么信息：

```
ot=sigmoid（tf.matmul（ht，weight［'wo'］）+ \
            tf.matmul（input_data，weight［'wo'］）+ weight［'bo'］）
ht=tf.multiply（ot，tf.tanh（Ct））
```

1.4.2.5　运行程序

在命令行输入：

```
$spark-submit run_mnist.py --driver-memory 2g --partitions 4
```

usage：

　　［--master MASTER］

　　［--spark_exec_memory SPARK_EXEC_MEMORY］

　　［--partitions PARTITIONS］

　　［--epochs EPOCHS］

　　［--evaluate_every EVALUATE_EVERY］

　　［--learning_rate LEARNING_RATE］

　　［--hidden_units HIDDEN_UNITS］

　　［--batch_size BATCH_SIZE］

　　［--num_classes NUM_CLASSES］

1.4.3　实验结果与结果分析

超参数设置如表 1-1 所示。

表 1-1 实验超参数

	Learning Rate	Train Size	Epoch	Batch Size	Time Step	Input Size	Hidden units
Mnist	0.05	10000	50	100	28	28	128
IMDB	0.001	10000	50	24	250	50	64
Sentiment140	0.001	100000	50	24	30	50	64

实验结果：

（1）无优化（LSTM）实验结果如表 1-2 所示。

表 1-2 LSTM 实验结果

	Partitions（分区个数）	1	2	3	4
Mnist	Avg. Acc	99.5%	98.3%	97.5%	96.1%
	Avg. Time	687s	592s	515s	443s
IMDB	Avg. Acc	85.5%	84.9%	83.5%	83.1%
	Avg. Time	3100s	2705s	2210s	1900s
Sentiment140	Avg. Acc	78.4%	77.4%	76.9%	75.1%
	Avg. Time	3500s	3010s	2594s	2100s

结论：如图 1-24 所示，随着子节点数的增加，训练时间会减少，但模型预测准确率略微会有所降低。

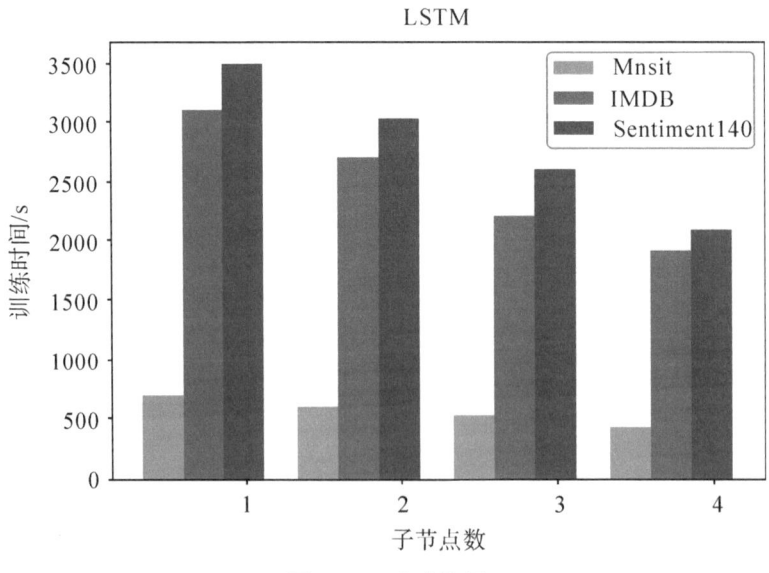

图 1-24 实验结果

分析：因为实验环境条件限制，实验只是在单节点伪分布模式下进行，所以模型训练时间并没有减少到理论值。并且由于实验训练的数据较少，每个节点分配到的数据不均匀，当最后平均求得模型参数时，模型性能略微会降低。

（2）优化之后（CIFG）实验结果如表 1-3 所示。

表 1-3 CIFG 实验结果

	Partitions（分区个数）	1	2	3	4
Mnist	Avg. Acc	99.4%	98.3%	97.4%	96.0%
	Avg. Time	549s	485s	427s	364s
IMDB	Avg. Acc	85.4%	84.7%	83.5%	82.9%
	Avg. Time	2542s	2245s	1856s	1531s
Sentiment140	Avg. Acc	78.2%	77.1%	76.9%	75.0%
	Avg. Time	2835s	2407s	2160s	1686s

将遗忘门与输出门结合，与普通 LSTM 相比，CIFG 拥有更简单的结构，训练参数更少，可以加快模型训练速度，如图 1-25、图 1-26、图 1-27 所示，训练时间减少了 20% 左右，但模型性能没有明显的降低。

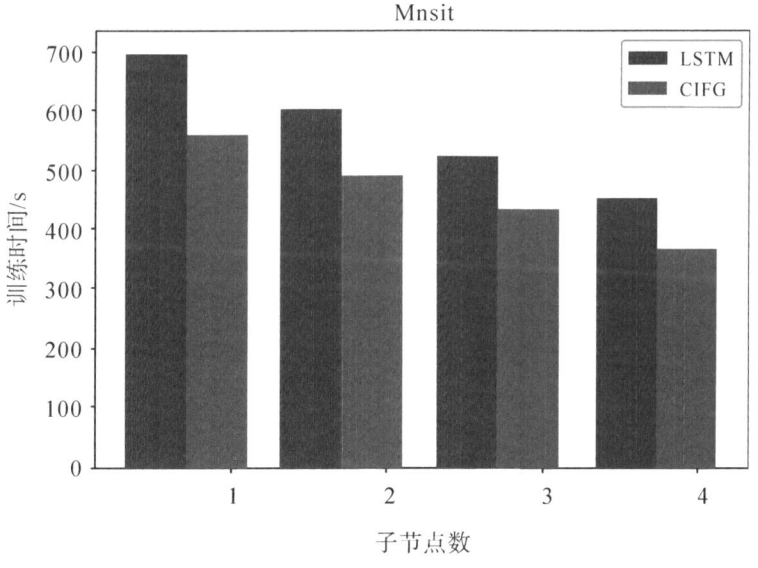

图 1-25 实验结果

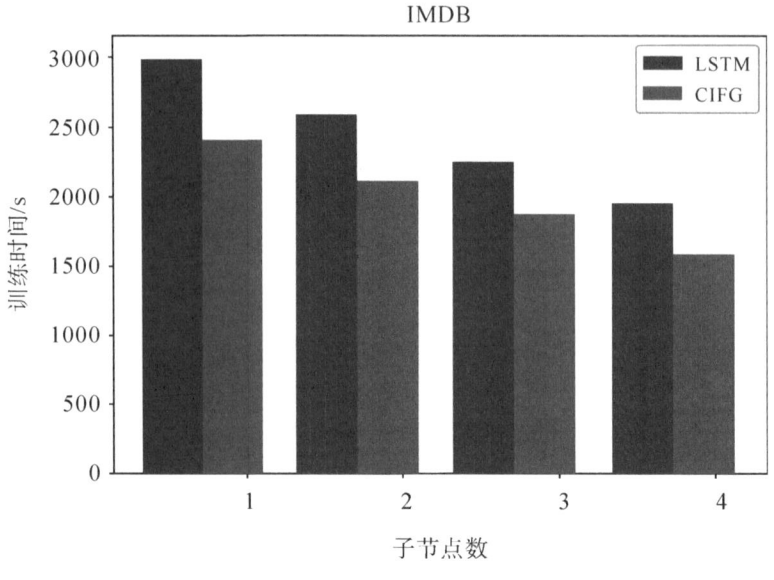

图 1-26 实验结果

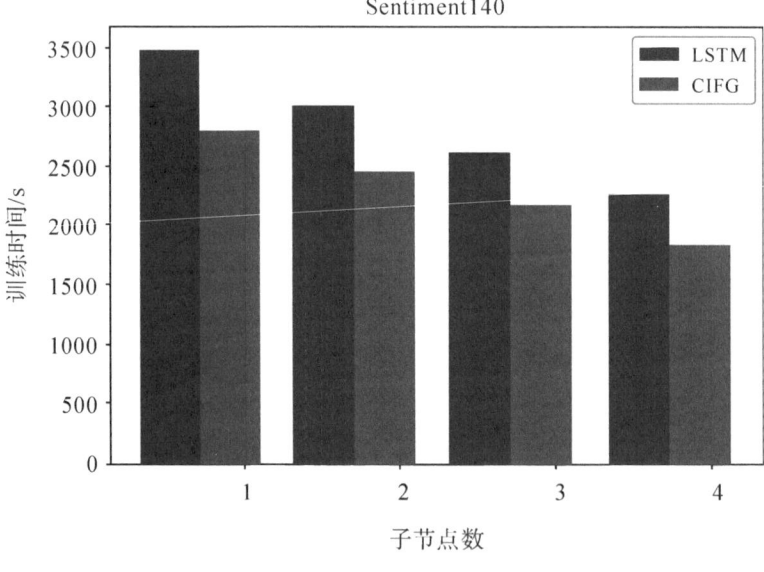

图 1-27 实验结果

1.5 小结

本章完整描述了基于 Spark 的 LSTM 智能分类算法的分析设计以及最后的实现过程。并且还进行了简单的优化，使得算法模型更快速。实验使用 Python 编写，并且使用 pyspark 将任务提交到 Spark 平台。主要研究目的是如何快速使用 LSTM 对数据进行模型的训练，相对于传统的 MapReduce，使用 Spark 可以明显加快模型训练的速度，更适应如今数据量巨大的场景运用。

参考文献

［1］ ALEXEEV B, CAHILL J, MIXON D G, et al. Full Spark Frames［J］. Journal of Fourier Analysis and Applications, 2012, 18(6): 1167–1194.

［2］ 高彦杰, 倪亚宇. Spark 大数据分析实战［M］. 北京: 机械工业出版社, 2016.

［3］ HUANG C-Q, YANG S-Q, TANG J-C, et al. RDDShare: Reusing Results 30 of Spark RDD［J］. IEEE, 2016, 80: 370–375.

［4］ ZAHARIA M, CHOWDHURY M, DAS T, et al. Resilient distributed datasets: a fault-tolerant abstraction for in-memory cluster computing［C］. networked systems design and implementation, 2012: 2–2.

［5］ KOLB L, THOR A, RAHM E, et al. Dedoop: efficient deduplication with Hadoop［J］. Proceedings of the VLDB endowment, 2012, 5(12): 1878–1881.

［6］ 曹风兵. 基于 Hadoop 的云计算模型研究与应用［D］. 重庆: 重庆大学, 2011

［7］ SHVACHKO K, KUANG H, RADIA S, et al. The Hadoop Distributed File System［C］// IEEE, Symposium on MASS Storage Systems and Technologies. IEEE Computer Society, 2010: 1–10.

［8］ JAIME R, VIJAY P. Research the Data Analysis and Processing between MapReduce and Spark［J］. IEEE, 2016, CSCI. 2016. 0269: 1401–1402.

［9］ ABADI M, AGARWAL A, BARHAM P, et al. TensorFlow: Large-Scale Machine Learning on Heterogeneous Distributed Systems［J］. arXiv: Distributed, Parallel, and Cluster Computing, 2015

［10］ HOCHREITER S, SCHMIDHUBER J. Long short-term memory［J］. Neural Computation, 1997, 9(8): 1735–1780.

［11］ COLLOBERT R, WESTON J, BOTTOU L, et al. Natural Language Processing (Almost) from Scratch［J］. Journal of Machine LearningResearch, 2011: 2493–2537.

［12］ ZOPH B, LE Q V, RAMACHANDRAN P. Searching for Activation Functions［J］. international conference on learning representations, 2018.

［13］ CHUNG J, GULCEHRE C, CHO K, et al. Empirical Evaluationof Gated Recurrent Neural Networks on Sequence Modeling［J］. arXiv: Neural and EvolutionaryComputing, 2014.

［14］ GOLIK P, DOETSCH P, NEY H, et al. Cross-entropy vs. squared error training: atheoretical and experimental comparison ［C］. conference of the international speech communication 31 association, 2013: 1756–1760.

［15］ DE Boer P-T, KROESE D P, MANNOR S, et al. A Tutorial on the Cross-Entropy Method［J］. Annals of Operations Research, 2005, 134(1): 19–67.

[16] RONG X. word2vec Parameter Learning Explained [J]. arXiv: Computation and Language, 2014.

[17] 王子瑜. 深度学习方法训练词向量 [J]. 通讯世界. 2018(06): 245-246.

[18] ZINKEVICH M A, WEIMER M, LI L, et al. Parallelized StochasticGradient Descent [C]. neural information processing systems, 2010: 2595-2603.

[19] 石进. 基于 Spark 的分类算法并行化研究与实现 [D]. 成都: 电子科技大学, 2017.

[20] FELIX G, JURGEN S, "Recurrent nets that time and count [C] // Proceedings ofthe IEEE-INNS-ENNS International Joint Conference on Neural Networks. IJCNN 2000. NeuralComputing: New Challenges and Perspectives for the New Millennium, 2000, pp. 189-194 vol. 3, doi: 10. 1109/IJCNN. 2000. 861302.

[21] CHO K, MERRIENBOER B v, GULCEHRE C, et al. Learning phrase representations using RNN-decoder for statistical machine translation. [J]. ComputerScience, 2014.

2 基于强化学习策略的生成式对抗网络研究

2.1 引言

生成式对抗网络（generative adversarial networks，GAN）是 Goodfellow 等人在 2014 年提出的一种生成模型。GAN 自提出以来就一直受到人工智能学术界的追捧，著名的机器学习与图形学专家 Yann Lecun 曾表示，GAN 是过去十年他在人工智能领域看过的最有趣的想法。在短短几年的时间里，研究人员已经将 GAN 与多个领域相互结合，提出了大量 GAN 的改进模型。

虽然 1956 年在 Dartmouth 学会上才第一次提出"人工智能（aritificial intelligence）"的概念，当代人工智能研究的哲学基础却能追溯到几千年前。作为计算机学科的一个重要分支，人工智能这一技术与不同学科交叉、发展。人工智能的应用领域广泛，模式识别、自然语言理解、自动推理等都运用到了人工智能的思想和方法。普遍认为人工智能可以分成两个阶段：第一个阶段是感知阶段，机器接收来自外界的视觉、听觉信号等，依据这些信号做出判断，图像识别、语音识别是这一阶段的典型代表领域；第二个阶段是认知阶段，机器除了单纯地对信号做出判断外，还可以对一些事物产生一定程度的理解。

国内人工智能领域的投融资在 2011 年就初见规模。截至 2017 年，在人工智能的融资总规模已达到 1800 亿元人民币。更多的研究资金开始投入这一领域，新的算法与模型层出不穷。从全球的技术关注热点来看，人工智能算法及平台、智能驾驶和计算机视觉三个领域是目前人工智能的热点领域。

生成式模型在人工智能领域占有一席之地，具有相当大的研究价值。作为机器学习中监督学习方法的两个分支之一的生成方法，方法假设数据的分布、学习参数的分布，根据训练得出的新模型产生新样本。这类模型从数据理解的角度出发可以分为两类：人类可以理解的数据和机器可以理解的数据。如果需要人类理解数据，生成模型的做法是假设数据分布，拟合训练最后生成样本。虽然人类可以理解数据分布，但由于假设的数据分布难免受到限制还有一些模型复杂度过高等原因，这类生成模型的实际生成效果并不理想。如果只需要机器理解数据，建立生成式模型就只需要从没有明确假设的分布中获取采用数据，通过修正数据来修正模型。人类无法理解生成过程，但可以理解生成样本。

2.1.1 背景与意义

自从 2012 年 ImageNet 竞赛冠军模型 AlexNet 出现后，神经网络成为机器学习的主流研究方向。只要提供足够的数据，设置好超参数，神经网络的使用者不用过分关心细节，就能得到效果不错的模型。且随着 GPU 硬件的发展，并行计算使得神经网络日益强大，训练效率逐渐提升，诸多优势使其成为研究者们关注的重点。

神经网络的深度不断突破，各种各样的研究成果吸引了人们的眼球，如 AlphaGo、人脸识别、语音识别、机器翻译、机器艺术创作等。各种各样创新的模型纷纷出现，让人们看到了实现强人工智能的希望。

机器学习模型一般可以分两类：判别模型和生成模型。应用上神经网络，就得到了判别网络和生成网络。

GAN[6]（生成式对抗网络）的创始人 GoodFellow 在 2014 年提出了结合两种网络，利用两种网络的相互博弈同时实现对生成模型和判断模型的训练，这立刻引起了研究者们的广泛关注。各式各样的 GAN 衍生网络如雨后春笋般生长，不同的优化思路纷纷以论文的形式呈现，并成为学术圈的焦点。个别模型的生成效果更是相当惊艳，给人以假乱真的感觉，足见 GAN 研究意义之深远。

从研究角度看，GAN 给众多生成模型提供一种新的训练思路，激发广大研究者对新技术的研究热情。可以说 GAN 为人工智能添加了想象力，是让机器通过有限的样本训练出能无限创作的有效工具。GAN 的强大、效果的直观，更体现了它在生成模型中的重要地位。

强化学习是一种让计算机从错误中学习的算法，强调的参数有行动、环境、状态和奖励。通过智能体与环境的互动，使得获取的奖励最大化。

强化学习可以按照环境的有无划分，有环境的话可以建立基于模型的强化学习方法，用模型代表环境进行学习；没有具体的环境的情况一般使用无模型的强化学习方法，虽然没有模拟环境的模型，但仍可以从未知的环境中获得反馈，继续优化自身，亦即所谓强化。

DeepMind 作为站在前沿的人工智能企业，创立了著名项目 DQN（deep Q learning），它结合了强化学习与强大的人工神经网络。除此之外利用强大的算力进行强化学习，让机器进行自我博弈，最后成就了名震天下的 AlphaGo，其中关键的强化学习算法为 AlphaGoZero。此后，人工智能组织 OpenAI 不断推动强化学习的发展，在电子游戏领域大放光彩。强化学习之所以强大，是因为能够控制强大的算力去模拟"简单"的人类活动。强化学习提供的是一套目标方法规则，在大量的虚拟实践中机器可以获得大量的参数，利用这些参数可以继续获取更多的参数或是选择做出总结。对于紧缺监督数据的监督学习来说，强化学习无疑是一个可靠的工具。

SeqGAN（sequence generative adversarial nets with policy gradient）结合了 GAN 和强化学习的思想，通过策略梯度有效地训练用于生成结构化序列的生成式对抗网络。这是扩展 GAN 以生成离散序列的第一项工作。对于诗歌、语音和音乐生成三种真实场景，

SeqGAN 在生成创意序列方面表现出色。

可见，强化学习与 GAN 有着异曲同工之妙，可以将两者一同研究，加深对人工智能的认识，看清机器学习的本质。结合 GAN 与强化学习进行研究，任重而道远。

2.1.2 国内外研究现状

自 2014 年 GAN 出现以来，人们纷纷开始对其进行研究，卓有成效。同年，CGAN（conditional generative adversarial nets）的发表，实现了在原来 GAN 的基础上加入条件变量的输入，以此来实现有监督的 GAN 训练。CGAN 最终能在条件变量的诱导下生成与条件相关特征的结果，实现分类效果。

2015 年，DCGAN（deep convolutional generative adversarial networks）的发表，意味着深度卷积神经网络成功整合到 GAN 中，大大加强了 GAN 的图像生成能力，该文章取得让人难以置信的效果，又一次吸引了研究者的目光。

2016 年，InfoGAN（interpretable representation learning by information maximizing generative adversarial nets）诞生了。这个模型是 CGAN 的加强版，同样能够实现分类的效果，文章使用信息论中的互信息进行模型的解释，模型仅仅将条件变量与噪声混合作为生成网络的输入，实现了跟 CGAN 一样的效果。而研究者更是尝试将此模型用于三维家具模型和人脸特征的生成上，体现了 InfoGAN 的生成效果具有通用性。

由于 GAN 的损失函数设计存在问题，GAN 的生成模型可能会在判别模型达到最优时出现梯度消失的问题。在 2017 年，Martin Arjovsky 给出了他的解决方案——WGAN（Wasserstein generative adversarial network），它以 Wasserstein 距离来衡量两个分布之间的距离，提出了新的损失函数设计方式。

另一方面，人们已经通过许多努力来生成结构化序列。可以训练循环神经网络以在许多应用中产生 token 序列，如机器翻译。最受欢迎的训练 RNN 的方法是最大化训练数据中每个标签的可能性，而有人认为训练和生成之间的差异使得最大似然估计次优，并提出了预定的采样策略（SS）。后来又有人推测 SS 下面的目标函数不合适，并解释了 GAN 在理论上倾向于生成自然样本的原因。因此，GAN 具有巨大的潜力，但目前对于离散概率模型实际上并不可行。

序列数据生成可以被表述为序列决策制定过程，其可以通过强化学习技术来潜在地解决。将序列生成器建模为选择下一个 token 的策略，一旦存在（隐含的）reward 函数来指导策略，可以采用策略梯度方法来优化生成器。对于大多数实际序列生成任务，例如机器翻译；reward 信号仅对整个序列有意义，例如在围棋游戏中，reward 信号仅在游戏结束时设定。在这些情况下，采用了诸如蒙特卡罗（树）搜索的 state-action 评估方法。

作为一种训练生成模型的新方法，使用判别模型指导生成模型训练的生成对抗网（GAN）在生成实值数据方面取得了相当大的成功。但是，当目标是生成离散 token 序列时，它具有局限性。一个主要原因在于生成模型的离散输出使得判别模型难以将梯度更新传递到生成模型。此外，判别模型只能评估完整的序列，对于部分生成的序列，在生成整个序列后，平衡其当前的得分和未来的得分是非常重要的，SeqGAN[1]的序列生成框架可以解决这些问题。将数据生成器建模为强化学习（RL）中的随机策略，SeqGAN 通过直接执行梯度策略更新来绕过生成器的微分问题。RL reward 信号来自在完整序列上鉴别的 GAN 判别器，并且通过使用蒙特卡罗搜索被传递回中间 state-action 步骤。对于合成数据和实际任务的广泛实验证明，这个方法与强基线相比有了显著的改进。

首次将强化学习的方法引入 GAN 是在 AAAI-17 上提出的，SeqGAN 模型使用了强化学习中的策略梯度方法和蒙特卡洛树搜索的思想来改进 GAN，解决了标准的 GAN 在处理像序列这种离散数据时会遇到的困难。SeqGAN 使用基于 RL 的生成器扩展 GAN 以解决序列生成问题，其中通过蒙特卡罗方法在每个 episode 结束时由判别器提供 reward 信号，生成器选择 action 并且通过估计的整体 reward 来学习策略。合成数据实验中，它使用 oracle 评估机制来明确说明 SeqGAN 优于强基线的优势。

2.2 相关知识介绍

2.2.1 Mnist 数据集简介

Mnist 是一个手写数字识别库，由世界上最权威的美国邮政系统开发，手写内容是 0～9 这 10 种数字，手写内容采自美国人口调查局员工和高中生。

Mnist 数据集中有 4 个文件，分别为训练数据集、测试数据集、训练数据标签、测试数据标签，其中训练数据共有 60 000 条样本，测试数据有 10 000 条样本。

数据集样本储存着二进制形式的图像，所有数字图像都经过尺寸标准化，并以 28×28 像素的固定尺寸图像为中心。在原始数据集中，图像的每个像素由 0～255 之间的值表示。

该数据集由于经典又简便，被广泛使用于机器学习研究，大量探索性研究项目都先从训练 Mnist 数据集开始。

2.2.2 ANN 简介

ANN（artificial neural network）即人工神经网络，亦即仿照人脑的结构特征，用软件手段实现的智能模型，广泛应用于机器学习。

人们经常把大脑和电脑作比较，大脑和电脑有许多相似之处。大脑包含数以亿计的神经元，这些神经元相互连接，共同工作，使其具有难以置信的强大功能。神经元由两部分组成：细胞体和神经元过程。细胞体由细胞核、细胞膜和细胞质组成。它集成输入信息并传输信息。神经元过程可分为树突和轴突。树突具有接收刺激并将脉冲传递到细胞体的功能。轴突的主要功能是将神经脉冲从细胞体传递到其他神经元或效应细胞。神经元是神经系统最基本的结构和功能单位。整个大脑中只有大约10%的神经元是胶质细胞。

ANN通过模拟大量神经元，以及神经元间的相互影响连接来模仿人脑活动，这种模拟神经元活动具有很强的非线性函数逼近能力，拥有强大的容错性。

ANN一直使用1943年创建的"M-P神经元模型"[3]，这个神经元接收来自 n 个神经元的输出信号，这些输出信号通过加权组合，得到神经元的信号值，再通过"激活函数"处理，得到该神经元的输出。假设输入神经元的信号为 $\{x_0, x_1, \cdots, x_n\}$，输出神经元的信号为 y，则它们的关系可以简单表示为：

$$y = f\left(\sum_{k=0}^{n} W_k x_k - \theta\right)$$

式中，W 为权重值，θ 为神经元的阀值，f 为激活函数。如此多个神经元可以按一定层次结构连接，就得到了神经网络，信号通过向前传播的方式进行传导。传统ANN也被称为感知机，其神经网络层在激活函数处理前一般被称为全连接层。

主流的人工神经网络训练方法为BP（backward propagation），即计算出神经元的输出后，选择合适的损失函数，让输出与训练标签值进行对比，得到误差值后，按照输入值对误差的贡献度进行误差的反向传播，该贡献度一般与向前传播模型对输入信号的梯度值成正比。假设某个输入神经元的信号为 x，与之相连的输出神经元的信号有 $\{y_0, y_1, \cdots, y_n\}$，二者的关系为 $y_i = F(x)$，而输出神经元的误差分别为 $\{D_0, D_1, \cdots, D_n\}$，则输入神经元从输出神经元获得的误差值为：

$$d = \sum_{k=0}^{n} a \nabla f_x(x) D_k$$

式中，a 为学习率，通过调节学习率可以让模型加速收敛或避免提前收敛。

最后通过误差值更新网络中的权重参数，并把误差继续传给上一层神经网络，如此通过迭代更新整个网络的权重参数，从而实现对样本的学习。

神经网络通过不同的连接方式，实现了各种版本的ANN，如增加了卷积、池化层的卷积神经网络，网络层循环相连的循环神经网络，多层叠加组成的深度神经网络。下一节将对课题应用到的卷积神经网络进行简析。

2.2.3 CNN简介

CNN（convolutional neural network）即卷积神经网络，Fukushima在1980年提出的神经认知机是第一个实现的卷积神经网络。CNN的出现是因为它与人眼感知图像的原理相似。人眼观察到的图像好比屏幕上的像素点阵，每个像素之间具有空间上的连续性，连续的像素可以组成物体表面的边缘部分以及平滑部分，而平滑部分和边缘部分在空间上恰当排列可以组合成具有轮廓的物体影像，物体影像在平面上的组合便是人类能够观察到的图像。CNN 就是通过依次提取图片在二维空间上连续像素、轮廓、影像的特征，实现对图片内容的解析。对于图片内容，神经网络只关心其特征，也就是图片的核心内容。CNN 以图片、颜色通道的像素值作为初始特征输入，通过卷积、池化、全连接等操作，实现特征的转化，最终输出新的特征。多次训练后，可以得到能够稳定输出图片某种特征的神经网络。

控制卷积操作的参数主要有 3 个：卷积核尺寸 r，卷积核移动步长 s，边界补 0 宽度 p。假设卷积前图像高 h、宽 w，卷积后的图像高和宽分别为

$$h'=\left[\frac{h-r+2p}{s}\right]+1$$

$$w'=\left[\frac{w-r+2p}{s}\right]+1$$

假设图像在坐标 (x, y) 处的像素值为 $I(x, y)$，卷积后得到图像在坐标 (i, j) 处的像素值为 $T(i, j)$，卷积核为方阵 K，令

$$f(x)=-p+sx$$

那么存在关系式：

$$T(i,j)=\sum_{y=0}^{r}\sum_{x=0}^{r}I[f(i)+x,f(j)+y]K_{x,y}$$

逆卷积（deconvolution）的概念，在本章的应用相当重要。其本质上是卷积操作，由于卷积是不可逆的数据压缩过程，要实现逆卷积，必须先将输入的信号量增加，具体做法是在图像的像素之间插入 0 值，如此"放大"图像，再对"放大"后的图像进行卷积操作，最后经裁剪后得到所需大小的图像。

池化层（pooling layer）也是 CNN 的重要组成部分。池化层不包含任何需要学习的参数，但只指定池化的类型、池化核心的大小和池化步骤。池化类型通常是平均池化和最大池化，即池矩阵所涵盖的输入中的平均值或最大值。池化层具有特征不变性，使得模型更注重特征的存在，而不是特征的位置。它在一定程度上是特征学习的方式，它使得特征维数约简汇集结果中的一个元素对应于原始输入数据的一个子区域，降低了计算复杂度，可以在某种程度上防止过拟合的发生。

2.2.4　GAN 简介

GAN 即生成式对抗网络，一般由两个神经网络组成，分别为生成网络和判别网络。训练时，先给生成网络生成一份噪声，生成网络通过对噪声的放大，得到伪造的数据，之后将生成的伪造数据和真实的样本数据作为判别网络的输入，得到判别结果，将判别结果与实际的标签值（用于表示样本真实与否）对比，把比较值作为判别网络的误差值进行反向传播，从而训练判别网络。再用伪造数据的判别结果作为生成网络的误差值，进行反向传播，从而训练生成网络。

2 基于强化学习策略的生成式对抗网络研究

min G max D V（D,G）= Ex~pdata（x）[log D（x）] + Ez~pz（z）log（1–D[G（z）]）.

判别网络训练的目的在于使上面的函数取得极大值，在实际训练中，常用二分类交叉熵 BCELoss（binary cross entropy loss）计算误差值，假设生成网络噪声输入噪声为 z，真实样本为 x，D、G 分别为同一训练周期下的判别网络和生成网络，那么两个网络误差可以分别表示为：

$$Loss_d = BCELoss(D(G(z)), 0) + BCELoss(D(x), 1)$$

$$Loss_g = BCELoss(D(G(z)), 1)$$

随着两个网络的不断博弈，网络最终会达到一个动态均衡，结果就是判别网络无法区分真假图像，而生成数据的分布接近真实数据的分布。

由于针对 GAN 的研究力度不断加大，形形色色的 GAN 增加了人们研究的新方向。例如① Relativistic GAN：在 Standard GAN 的基础上增加一个 relativistic 判别器，relativeistic 判别器能够让 GAN 变得更加稳定。② CycleGAN：使用对齐图像对的训练集来学习输入图像和输出图像之间的映射，可以实现图像风格迁移。③ SAGAN：引入注意力模型的 GAN，生成模型中使用了光谱归一化。④ Progressive GAN：能够从低分辨率图像逐渐生成高清图，可以加快训练速度。这里只选部分 GAN 作简单介绍，因为这些 GAN 本质上只不过是一种思想方法的结合。因为各种思想组合起来理论上可以产生拥有众多思想作为头衔的 GAN，所以只学习其中的思想即可。

与 GAN 生成图像不同，GAN 生成文本面临文本为离散序列的问题。由于鉴别器模型只能评估一个完整的序列，离散序列将导致鉴别器模型无法返回梯度对生成模型进行更新。于澜涛等提出 SeqGAN 模型解决了离散序列的问题。SeqGAN 模型在生成一个 token 时，通过蒙特卡洛树搜索将各种可能性补全，生成完整序列。鉴别模型对这些完整序列反馈梯度，并通过强化学习更新生成模型。Guo 等则在 SeqGAN 基础上，提出 LeakGAN 模型。该模型允许鉴别模型将自己的高级提取特征泄露给生成模型以进一步帮助指导。它的生成模型分为 MANAGER 模块和 WORKER 模块。MANAGER 模块将鉴别模型泄漏的信息整合到所有的生成步骤中，并采用当前生成的字的提取特征输出一个潜在的矢量指导 WORKER 模块进行下一代生成。它解决了 SeqGAN 在长文本生成中缺少文本结构中间结构信息导致的效果问题。

2.2.5 InfoGAN 简介

InfoGAN（information maximizing generative adversarial nets）即信息最大化对抗生成网络，能够通过控制输入生成网络的噪声分布，从而改变生成结果的类别，是一种兼生成聚类功能于一体的 GAN。

与以前需要监督的方法不同，信息最大化生成式对抗网络完全没有监督，在具有挑战性的数据集上学习可解释和分离的表示。此外，信息生成式对抗网络在 GAN 之上只增加了可忽略不计的计算成本，并且易于培训。利用互信息诱导表示的核心思想可以应用于其他方法，是一个有前途的研究方向。

利用信息论中互信息的概念，通过最大化具有特定分布规律的输入噪声与生成数据的互信息，实现生成数据与特定噪声的"绑定"，这种特定噪声被称为潜码。互信息公式为：

$$I(x;y) = H(x) - H(x|y)$$

假设输入噪声为 z，潜码为 c，生成数据为 x，用 $T(c|x)$ 作为近似概率 $P(c|x)$ 的下界，$G(z,c)$ 与 c 之间的互信息存在：

$$I(c;G(z,c)) = H(c) - H(c|G(z,c)) \geq E_{x \sim G(z,c)}\left[E_{c' \sim p(x|k)}\left[\log T(c'|x)\right]\right] + H(c)$$

InfoGAN 通过训练一个新的网络 Q 来拟合上述分布，该网络的误差值可以使用交叉熵表示：

$$\text{Loss}_q = \text{CrossEntropy}(Q(G(z,c)), c)$$

而交叉熵公式：

$$\text{CrossEntropy}(T, P) = -\sum_i p(i)\log(T(i))$$

综上所述，通过该误差的反向传播，实现对网络 Q、G 的训练。由于 P 是真实分布，交叉熵的减小使得概率 $T(c'|x)$ 增大，最终使得潜码与生成数据的互信息最大化，达到潜码可以稳定控制生成数据类别的目的。

2.2.6 强化学习简介

强化学习是机器学习的一种思路，它强调将数据划分为状态与动作，并使用奖励来实现对学习的反馈。

强化学习一般会引入马尔科夫决策过程（Markov decision process，MDP）来实现建模，因为学习过程中存在状态的转换，转换到下一个状态不仅与上个状态有关，更与上上个状态有关，导致模型相当复杂，所以采用 MDP 假设状态具有马尔科夫性，即下个状态仅和上一个状态有关。如此，可以把某状态下采取某动作作为某种策略，可以使用该策略在当前累积的奖励来衡量其价值，这就是强化学习的基本思路。

从策略选择的角度，强化学习可以分为①基于价值的模型，如 Q learning，总是通过分析奖励值来选择自己认为价值高的动作；②基于自定义的策略，直接得到行为的方法，如策略梯度；③结合基于价值的模型的设计思想和基于策略的模型的设计思想，可以得到 Actor-Critic 算法。

强化学习的应用很广，但是实践起来还是比较困难。难点在于数据量需求大，适用的方面比较特殊，一般强化学习常用在游戏人工智能的训练上，以及机器人人工智能的训练上，通常一个强化学习算法，最大的问题是奖励函数的设计——怎样才能设计好函数，既不过拟合，又不欠拟合。

强化学习属于机器学习中的一个领域，其学习方式和人类的学习方式极为相似，总的来说就是基于环境所给出的奖励调整决策，使奖励最大化。下面介绍两个基本概念。

（1）智能体（agent）。Agent 可以看作是一个正在学习的学生，他能够感知到老师们的态度变化，即外界环境的状态（state），以及老师对他的表现所打出的分数，即奖励反馈（reward），并通过反馈的奖励进行决策和学习。Agent 的决策功能指的是根据外界环境状态选择做出不同的动作（action），而学习功能指的是根据外界环境的奖励来调整策略。

（2）环境（environment）。环境就是 Agent 外部的所有事物，受 Agent 动作的影响而改变其状态，并且能够反馈给 Agent 相应的奖励。

强化学习包含五个基本要素：

（1）环境的状态集合 S：实际上就是对环境的描述。

（2）Agent 的动作集合 A：即对 Agent 行为的描述。

（3）策略 $\pi(a|s)$：Agent 在当前环境状态 s 下根据策略函数决定下一步动作 a。

（4）状态转移概率 $p(s'|s,a)$：即 Agent 根据当前状态 s 做出一个动作 a 之后，下一时刻环境处于状态 s' 的概率。

（5）即时奖励 $r(s,a,s')$：即 Agent 根据当前状态做出一个动作 a 之后，环境会反馈给 Agent 一个奖励，这个奖励通常也和做出动作之后下一个时刻的状态有关。

强化学习问题可以描述为一个 Agent 在与环境的交互中不断学习，从而完成特定目标（一般为取得最大奖励值）的马尔科夫决策过程（Markov decision process，MDP），如图 2-1 所示。

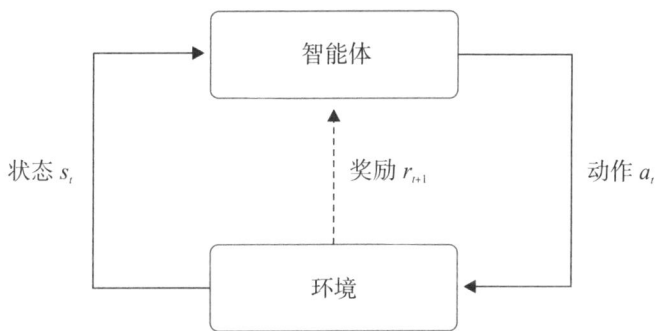

图 2-1 智能体与环境的交互

强化学习的目标就是不断调整策略 $\pi(a|s)$，最大化期望回报（expected return），也就是 Agent 执行的动作集合可以获得尽可能多的平均回报。

$$J(\theta) = \mathbb{E}_{\tau \sim p_\theta(\tau)}[G(\tau)] = \mathbb{E}_{\tau \sim p_\theta(\tau)}\left[\sum_{t=0}^{T-1} \gamma^t r_{t+1}\right] \quad (2-1)$$

式中，θ 为策略函数的参数，$\gamma \in [0, 1]$ 为折扣率。当 γ 趋近于 0 时，Agent 会倾向于短期回报。反之，γ 趋近 1 时，Agent 会倾向于长期回报。

2.2.7 蒙特卡罗策略梯度（REINFORCE）算法简介

2.2.7.1 蒙特卡罗（Monte Carlo，MC）方法

通常，我们无法获得一个马尔科夫决策过程的状态转移概率 $p(s'|s,a)$ 和奖励函数 $r(s,a,s')$。此时，需要通过 Agent 和环境进行交互来获得一部分样本，从而根据这些样本求解 MDP 的最优策略。

Q 函数 $Q^\pi(s,a)$ 表示起始状态为 s，在执行动作 a 后 Agent 所能获得的期望总回报，可以表示为

$$Q^\pi(s,a) = \mathrm{E}_{\tau \sim p\theta(t)}\left[G(\tau_{s_0=s,a_0=a})\right] \quad (2-2)$$

当模型未知时，Q 函数能够通过采样进行计算，这种方式就叫做蒙特卡罗方法。对于某个策略 π，Agent 从状态 s，执行动作 a 开始，通过随机的方式探索环境，并计算最终获得的总回报。假设进行 N 次试验，得到 N 个轨迹 $\tau^{(1)}$，$\tau^{(2)}$，…，$\tau^{(N)}$，这些轨迹的总回报分别为 $G(\tau^{(1)})$，$G(\tau^{(2)})$，…，$G(\tau^{(N)})$，则 Q 函数可以近似为

$$Q^\pi(s,a) \approx \widehat{Q}^\pi(s,a) = \frac{1}{N}\sum_{n=1}^{N} G\left(\tau^{(n)}_{s_0=s,a_0=a}\right) \quad (2-3)$$

当 $N \to \infty$ 时，$\widehat{Q}^\pi(s,a) \to Q^\pi(s,a)$

2.2.7.2 策略梯度（policy gradient）

策略梯度是强化学习方法中的一种。顾名思义，是一种基于梯度的算法。假设 $\pi_\theta(a|s)$ 是一个关于 θ 的连续可导函数，那么就可以使用梯度上升的方法来对 θ 进行优化，使目标函数 $J(\theta)$ 最大：

$$\frac{\partial J(\theta)}{\partial \theta} = \frac{\partial}{\partial \theta}\int p_\theta(\tau)G(\tau)\mathrm{d}\tau = \mathbb{E}_{\tau \sim p_\theta(\tau)}\left[\frac{\partial}{\partial \theta}\log p_\theta(\tau)\,G(\tau)\right] \quad (2-4)$$

可以看出，$\frac{\partial}{\partial \theta}\log p_\theta(\tau)$ 与状态转移概率无关，只与策略函数相关。

最后，策略梯度 $\frac{\partial J(\theta)}{\partial \theta}$ 可以写为

$$\begin{aligned}\frac{\partial J(\theta)}{\partial \theta} &= \mathbb{E}_{\tau \sim p_\theta(\tau)}\left[\left(\sum_{t=0}^{T-1}\frac{\partial}{\partial \theta}\log \pi_\theta(a_t|s_t)\right)G(\tau)\right] \\ &= \mathbb{E}_{\tau \sim p_\theta(\tau)}\left[\sum_{t=0}^{T-1}\left(\frac{\partial}{\partial \theta}\log \pi_\theta(a_t|s_t)\gamma^t G(\tau_{t:T})\right)\right]\end{aligned} \quad (2-5)$$

式中，$G(\tau_{t:T})$ 表示从 t 时刻作为起始时刻获得的总回报

$$G(\tau_{t:T}) = \sum_{t=0}^{T-1}\gamma^{t'-t}r'_{t+1} \quad (2-6)$$

2.2.7.3 REINFORCE 算法

上述公式中,期望同样可以通过采样的方式来近似。对于给定当前策略,可以通过随机游走从而得到多个轨迹 $\tau^{(1)}$, $\tau^{(2)}$, $\cdots$, $\tau^{(N)}$, 每一条轨迹 $\tau^{(n)} = s_0^{(n)}, a_0^{(n)}, s_1^{(n)}, a_1^{(n)}, \cdots$, 其梯度定义为

$$\frac{\partial \mathcal{J}(\theta)}{\partial \theta} = \frac{1}{N} \sum_{n=1}^{N} \left(\sum_{t=0}^{T-1} \frac{\partial}{\partial \theta} \log \pi_\theta \left(a_t^{(n)} | s_t^{(n)} \right) \gamma^t G_{\tau_{t:T}^{(n)}} \right) \qquad (2-7)$$

结合随机梯度上升算法,可以每次采集一条轨迹,计算每个时刻的梯度并更新参数,称为 REINFORCE 算法,如图 2-2 所示。

```
REINFORCE 算法
   输入: 状态空间 S, 动作空间 A, 可微分的策略函数 π_θ(a|s), 折扣率
         γ, 学习率 α;
1  随机初始化参数 θ;
2  repeat
3  |  根据策略 π_θ(a|s) 生成一条轨迹
   |     τ = s_0, a_0, s_1, a_1, ⋯, s_{T-1}, a_{T-1}, s_T;
4  |  for t=0 to T do
5  |  |  计算 G(τ_{t:T});
   |  |  // 更新策略函数参数
6  |  |  θ ← θ + αγ^t G(τ_{t:T}) ∂/∂θ log π_θ(a_t|s_t);
7  |  end
8  until θ 收敛;
   输出: 策略 π_θ
```

图 2-2 REINFORCE 算法

2.2.8 Pytorch 及其自动求导机制

Pytorch 是基于 Python 语言的一个流行的机器学习框架,可以方便地搭建神经网络,还能利用 Nvidia 的 cuda 并行计算驱动实现训练加速。对比另一热门框架 TensorFlow,Pytorch 在设计上隔离了底层核心的逻辑,给用户提供简洁高效的接口,十分适用于机器学习的研究。

Pytorch 自带 DataLoader 模块,用于样本数据的加载。DataLoader 用于从数据集创建小批量样本,并提供方便的迭代器接口来循环这些批次。DataLoader 的必需参数是要创建的小批量的大小,称为 batch_size。使用 DataLoader 的另一个好处是能够使用多进程处理轻松并行加载数据。可以将 num_workers 参数设置为计算机上可用的 CPU 数,以获得最佳性能。在训练机器学习模型时,每次通过数据集(即每个时期)重新训练样本是很重要的。有时,样本的顺序与目标变量之间存在虚假关系,对样本进行混洗有助于消除此问题。使用 DataLoader,就像添加 shuffle = True 一样简单,不需要重新调

整验证和测试数据。

Pytorch 数据用 Tensor 表示。Tensor 作为一个对象，自身集成了各种常用的运算方法，而且这些运算方法可以直接迁移到 GPU 中进行计算。

Pytorch 中自带各种神经网络模块，如卷积层（nn.Conv1d、nn.Conv2d…）、全连接层（nn.Linear），甚至高度集成的 LSTM（nn.LSTM）网络，用户只需提供少量的参数便可调用；除此还有各种激活函数、损失函数。

值得注意的是，在 Pytorch 中，卷积层同时具有卷积和全连接的功能，一般输入的数据是多维数据，Pytorch 会将数据解析成（批量维度、特征维度、特征子维度 1、特征子维度 2……）这样的格式，对特征维度采取全连接方式相连，并对特征子维度以卷积的方式进行操作。这就意味着在非 1×1 卷积层中，其效果相当于进行了卷积以及全连接的操作，在 1×1 卷积层中，其效果仅相当于全连接层。

Pytorch 自带各种实用的优化器，用于更新神经网络的参数。比较流行的一种优化器是 Adam 优化器，它在 2014 年由 Kingma 和 Lei Ba 提出，具有计算高效的特点，适合使用在大规模运算、大量参数计算的场景。

要使用 Pytorch 进行神经网络的训练，需要先用上述模块构建一个神经网络，接着指定一个优化器作为代理，帮助更新整个神经网络的参数。当一个训练周期开始后，样本数据作为输入传送到神经网络的输入层，接着神经网络自动向前传播数据，最终在最后的输出层获得结果，利用损失函数，比较输出值与标签值，得到误差。误差为 Tensor 对象，自带 backward 方法，调用之后便可触发 Pytorch 的自动求导机制，待计算出每一层的梯度后，神经网络层会将该层的连接权重减去梯度与误差与学习率的乘积，实现梯度下降，该过程由 Pytorch 的优化器来实现，最终实现每层相连网络之间权重的更新。

关于 Pytorch 的自动求导机制，跟 TensorFlow 一样，用计算图模型实现，这种设计跟一般的面向对象、面向流程的设计思想不一样。因为用户的每一个运算操作，包括每一个简单的加减乘除操作，都会以树的形式保存在 Pytorch 中，树的叶子节点为每一个 Tensor 实例。当求导机制被触发，计算图会自下而上地计算节点的梯度值，且只要 Tensor 实例的 requires_grad 参数值为 True，Tensor 的 grad 属性就会保存上次求导获得的梯度值，由于 backward 方法的参数 retain_graph 参数值默认为 False，每次更新梯度前都会把之前 grad 属性累积的梯度值覆盖，即当前梯度值仅用于更新当前状态的网络，符合大多数神经网络训练的要求。

这种梯度的计算方式虽然不直观，但十分简便，本章将利用该特性实现梯度计算。

2.3 GAN 网络设计

2.3.1 基于 InfoGAN 的手写体数字生成的设计

根据第 2.2.5 节提到的 InfoGAN 原理,可以仿照判别网络 D 搭建一个新的网络 Q 来拟合分布 y~T(c|x),判别网络和该网络 Q 的公共部分用网络 F 来表示(图 2-3),可得到网络间的基本关系。

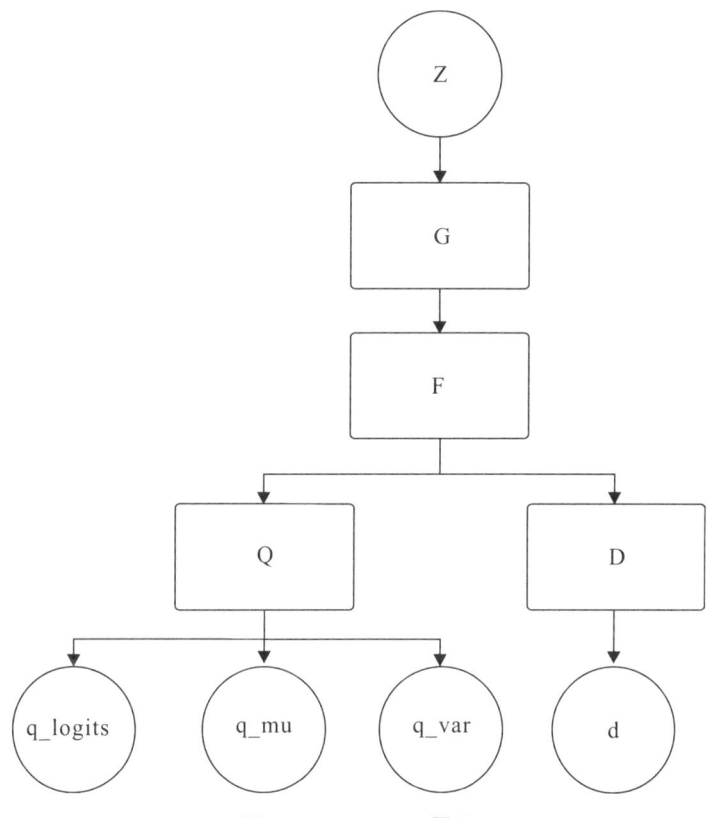

图 2-3 InfoGAN 原理

其中,F 网络主要对图像数据进行卷积操作,用 3 个卷积层和激活函数 LeakyReLU 构建,如图 2-4 所示。ReLU 是简单又实用的激活函数,但由于其负区间恒等于 0,容易让网络训练出现"假死"的情况,所以使用负区间为以固定斜率线性增长的 LeakyReLU 来取代,并统一使用 0.1 作为斜率。inplace 参数设置为 True 仅为了实现原值覆盖,节省储存空间。卷积层后接上 BatchNorm 层是批量归一化操作,目的是为了避免数据分布不稳定,而导致训练失败。F 网络最终输出特征数为 1024 的 1×1 图像,结合批处理量,可知输出数据格式为"(批处理量,特征数)"。

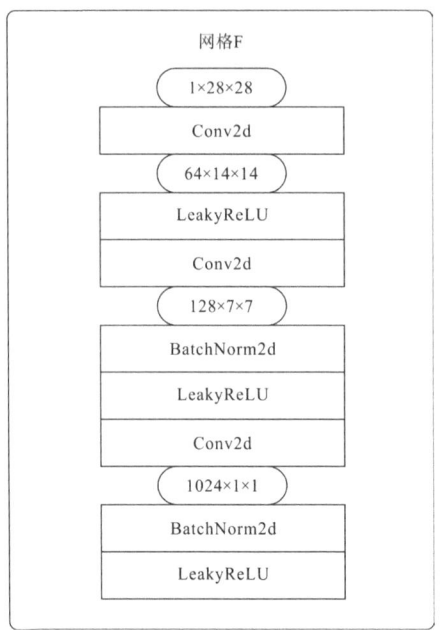

图 2-4　网络 F 原理

判别网络 D 设计比较简单，用单个 1×1 卷积层，即全连接层，使用 Sigmoid 激活函数将数据映射到 [0，1] 区间，作为判别输入数据跟真实数据的接近程度，如图 2-5 所示。

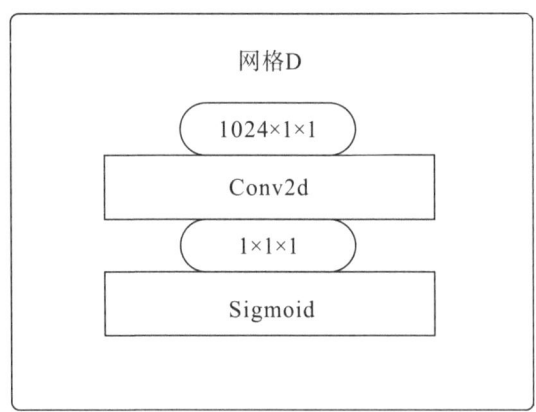

图 2-5　判别网络 D 设计

如图 2-6 所示，生成网络 G 主要用逆卷积层构建，相当于 F 网络的逆向版本，但用激活函数 ReLU 取代 LeakyReLU 以节省计算量，最终输出使用 sigmoid 将数据映射到 [0，1] 区间，作为浮点格式表示的灰度值。该网络输入 74 个特征，输出仅有灰度特征的 28×28 大小图像。

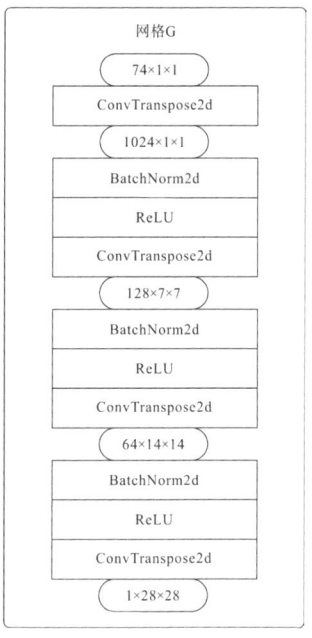

图 2-6　网络 G 详细原理

如图 2-7 所示，对于网络 Q，它接受 1024 个特征的输入，使用全连接层将其转化成 128 个特征，接着用三个全连接层分别处理，分别得到 10、1、1 个特征值，其中第三个全连接层求指数后再输出。

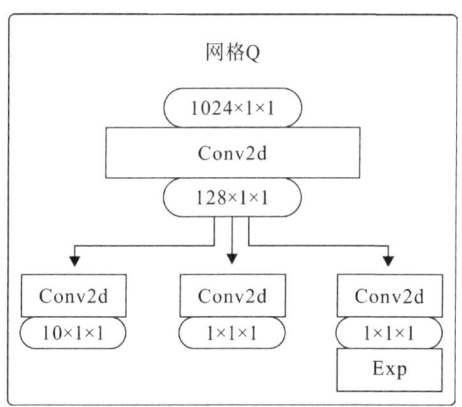

图 2-7　网络 Q 详细原理

在分析网络训练流程之前，先讨论噪声生成的规则与格式。生成网络 G 需要接受 74 个特征的噪声，可以将这噪声分解为 3 部分。一部分为第 2.2.5 节提及的潜码 c_1，这个潜码与生成的图片书写的数字种类有关，可以生成一个 [0, 9] 以内的随机整数来表示这个潜码。为了方便神经网络进行训练，如图 2-8 所示，还要预先将潜码解析成 one-hot 的编码形式，所以潜码会占 10 个特征。另一部分是潜码 c_2，这个潜码与生成的图片数据的分布规律有关，占 2 个特征值。最后一部分为单纯的噪声，随机生成的一组数据，占 62 个特征。

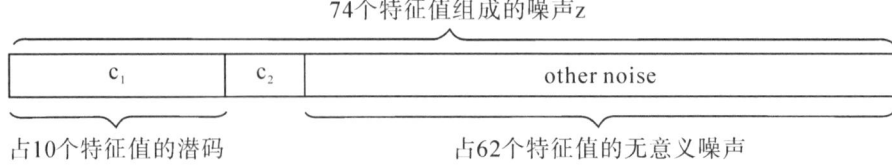

图 2-8 噪声规则

训练流程如图 2-9 所示，训练判别网络 D 时，从训练样本数据集中读取样本，每次读取 100 个，每个样本都是 28×28 的灰度图像，作为 3 维的 Tensor（100，28，28）读取到 Pytorch 中。网络 F 接收数据，输出数据由判别网络 D 接收，输出判断结果，用二分类交叉熵 BCELoss 将输出结果与象征真实的标签值"1"作比较，得到误差 real_loss。再用噪声生成器生成 74 个特征的噪声，作为生成网络 G 的输入，得到生成图片，将该图片作为网络 F 的输入，网络 F 的输出再作为判别网络 D 的输入，得到判断结果，用二分类交叉熵 BCELoss 将输出结果与象征伪造的标签值"0"作比较，得到误差 fake_loss。real_loss 与 fake_loss 可以求和后调用 backward 方法，调用 Adam 优化器，进而更新网络参数。但需要注意的是，生成网络 G 输出的结果必须调用 detach 方法，从而在第 2.2.8 节提到的 Pytorch 的计算图上解脱，否则，调用 backward 方法后，会一并更新生成网络 G 的参数。这个流程中，实现了网络 F 和判别网络 D 的训练。

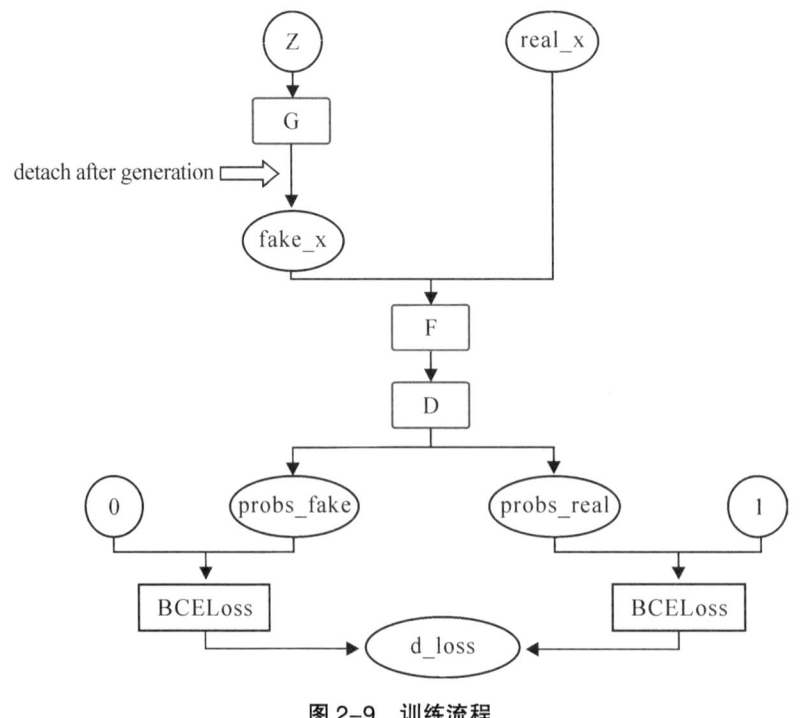

图 2-9 训练流程

详细训练流程如图 2-10 所示,训练生成网络 G 时同理,用噪声生成器生成 74 个特征的噪声,输入生成网络 G,得到生成图片,将该图片作为网络 F 的输入,网络 F 的输出再作为判别网络 D 的输入,得到判断结果,用二分类交叉熵 BCELoss 将输出结果与象征真实的标签值"1"作比较,得到误差 reconstruct_loss,该误差用于衡量生成图像的真实程度。从网络 F 得到的输出可以继续传入网络 Q,得到三个输出 q_logits,q_mu,q_var,然后是 InfoGAN 的核心实现,也是下一节要用强化学习修改的地方。如第 2.2.5 节中提到,要提高潜码与生成结果的互信息,可以通过降低生成数据的分布跟真实分布的交叉熵来实现,所以直接使用 Pytorch 提供的损失函数 CrossEntropyLoss 处理 q_logits 与潜码 c,得到的误差 dis_loss 用于衡量潜码与生成结果的互信息大小。为了上述输出 q_logits 更具可解析性,要求网络能够使批量样本正则化,可以使用剩余两个输出 q_mu,q_var,作为高斯分布的期望值与标准差,求当前批量样本中潜码 c_2 数据分布与该高斯分布的偏差,求对数后得到的误差 con_loss 用于衡量网络对批量样本正则化的能力。上述三个误差值求和,调用 backward 方法后,调用 Adam 优化器,实现 F、G、D、Q 四个网络的训练。

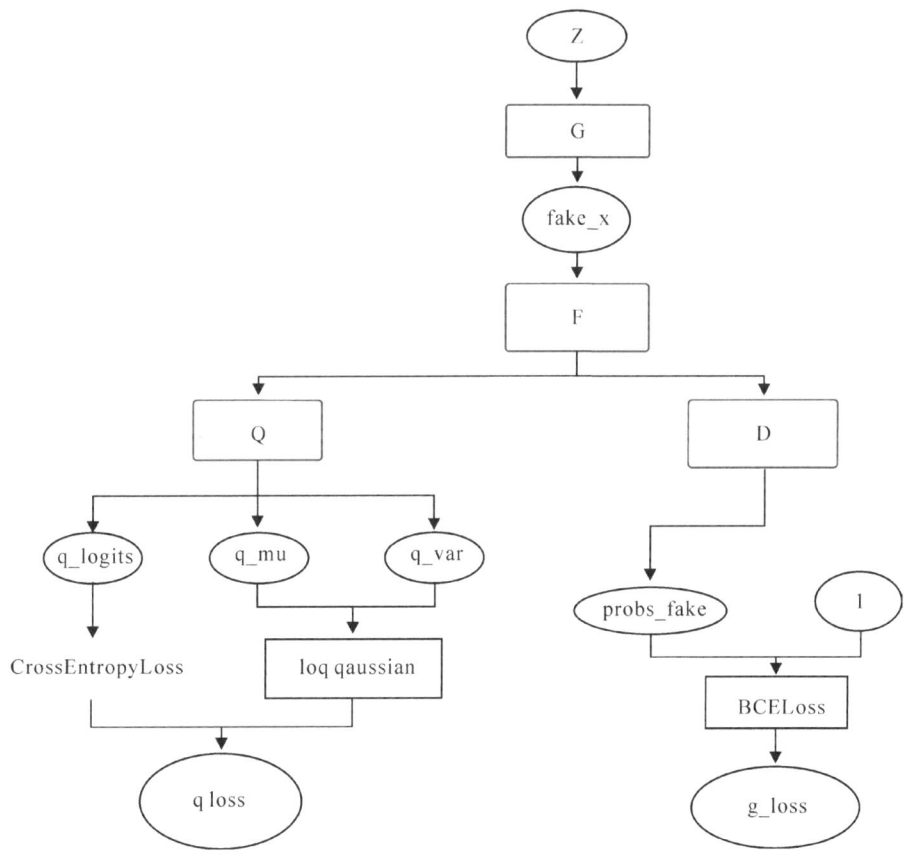

图 2-10　详细训练流程

2.3.2 使用强化学习策略改进后的 InfoGAN 设计

对于 InfoGAN，可以利用强化学习的方法对其聚类功能进行改进。如第 2.3.1 节所述，InfoGAN 使用最大化生成数据与数字类型潜码的互信息，来实现潜码对生成数据的分类功能。这里可以引入强化学习中策略梯度的思路，用策略梯度代替交叉熵误差实现对神经网络状态的更新。具体流程如下：

用噪声生成器生成 74 个特征的噪声，输入生成网络 G，得到生成图片，将该图片作为网络 F 的输入，网络 F 的输出可以传入网络 Q，得到三个输出 q_logits，q_mu，q_var。注意这里仍然使用 q_mu 和 q_var 表示的高斯分布与潜码 c_2 比较得到偏差 con_loss，但对于 q_logits，改用蒙特卡罗策略梯度（REINFORCE）算法计算误差值。

按照第 2.2.7 节的描述，可以选择 Softmax 函数作为策略函数 $\pi_\theta(s_t, a_t)$ 的实现方式，即

$$\pi_\theta(s_t, a_t) = \text{Softmax}(\theta)$$

因为训练的方式与时间无关，所以价值函数直接使用与潜码 c_1 相关的量来表示，这里用 one-hot 函数来表示其价值，即

$$v_t = \text{one\_hot}(c_1)$$

如此一来实现了蒙特卡罗梯度里的核心公式中两个函数的设计。

接着将 Q 网络输出的 q_logits 作为算法的输入，并将流程中整个网络的状态视为强化学习中的参数 θ。要更新该参数，需利用 Pytorch 的自动求导机制。如第 2.2.8 节所述，当 backward 方法调用时，会自动计算整个网络的梯度，即神经网络这个"函数"对当前神经网络状态 θ 的梯度值，而学习步长 α 则可以用优化器中的学习率来理解。所以从在人工神经网络训练的角度看，可以将 $\log \pi_\theta(s_t, a_t) v_t$ 值作为误差进行反馈，当这个误差调用 backward 方法，网络会自动获得梯度，并反向传播，传播之中更新网络状态 θ。不断如此迭代训练，从策略梯度的角度看，就是第 2.2.7 节中所说的迭代更新网络状态 θ，最终可以实现利用策略梯度更新网络。

需要注意的是，Pytorch 在更新网络权重时是用当前权重减去当前梯度与误差与学习率之积，所以设计的损失函数返回的应该是原来的相反数，这样才是想要的结果。另外，网络输出的 q_logits 实际上是一个批量值，但反向传播的误差应该是单一的量，所以将该批量处理成误差值后，应该求其平均值再返回给网络。

综上所述，要求的损失函数应该为：

$$\text{loss}(q,c) = -\frac{\sum_{i=0}^{n}\left(\log(\text{Softmax}(q))\right)_i \left(\text{one\_hot}(c)\right)_i}{n}$$

2.4 实验与分析

2.4.1 实验的环境配置

实验的硬件配置和软件配置分别如表 2-1 和表 2-2 所示。

表 2-1 硬件配置

处理器	I7-8700
显卡	GTX1080
内存	16Gb
硬盘	480G

表 2-2 软件配置

操作系统	Windows10
Cuda	Cuda8.0
Pytorch	Pytorch1.0.1
Python	Python3.7
包管理器	Conda4.6.8

本实验用到 Pytorch 的 GPU 并行计算模块。值得注意的是，Nvidia 显卡中只有支持 Cuda8.0 以上的显卡才能使用 Pytorch 的 cuda 方法，用 GPU 进行并行加速计算。因此，实验时应该根据硬件条件进行必要的修改。

2.4.2 实验系统的设计

对于该实验，重点关注的是图像的生成效果，其次还有评价效果的误差值。作为参考还可以用生成与判别网络对抗的准确率来评价生成的效果。生成效果可以通过观察多阶段生成的图片从直观上进行评价。误差值可以分成三类：生成网络的数据经判别网络判别后与真实判别值的误差 g_loss；真实数据判别生成网络生成数据与假判别值的误差，加上真实数据经判别网络得到判别值与真实数据判别值的误差和 d_loss；数据通过网络 Q 后得到的误差 q_loss。对于准确率，用生成网络成功欺骗判别网络的频率作为准确率 fake_score，用判别网络将真实数据判断为真的频率作为准确率 real_score。

又由于训练需要多个样本周期，训练时间长，因此只选择将基于两种方法的网络分别训练两三个模型。

训练时，对于每个样本周期，都保存当前生成的图像、误差值，还有准确次数。

对于每批生成 100 张图像的情况，为了方便观察结果，生成 10 组潜码，每组潜码 10 个，每组潜码相同，但不同组间互不相同，这样一来，既对 0～9 这 10 种潜码都进行了训练，又可以在连续 10 个结果中观察到相同潜码生成的结果。于是最终的实现方法是，可以生成一段这 10 个数字的随机排列序列，将序列重复（批量数 /10）次，如此我们得到了批量样本的潜码 c_1。再生成 200 个 [-1, 1] 内的随机数作为批量样本的潜码 c_2，生成 6200 个 [-1, 1] 内的随机数作为批量样本的无意义噪声。最后将上述组合得到批量为 100 的 74 个特征。

对于误差值，采用求当前平均值的方式，分别计算不同训练样本周期下的 3 种误差值。

精确次数跟误差值类似，求平均值，得到不同训练样本周期下的准确率。

另外，按照用户输入的序列构建特定的潜码 c_1，通过这种特定潜码生成批量图片，来验证潜码对生成内容的影响效果。

2.4.3 实验结果与对比

对于基于交叉熵误差的 InfoGAN，得到如图 2-11 所示的结果。

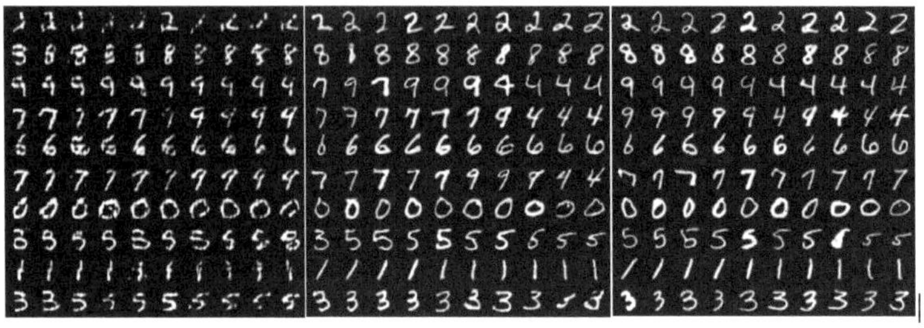

图 2-11 训练的样本周期分别为 1、10、100 的效果

横向比较基于交叉熵损失函数下的 3 个模型在 100 个样本周期后的生成效果如图 2-12 所示。

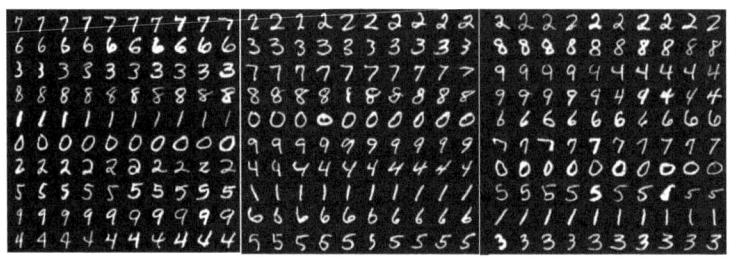

图 2-12 训练样本周期为 100 的 3 个模型

可见 InfoGAN 对潜码的分类效果十分明显，且 GAN "仿写"数字的能力也很强，在 10 个样本周期就能够准确绘制出 10 种数字。

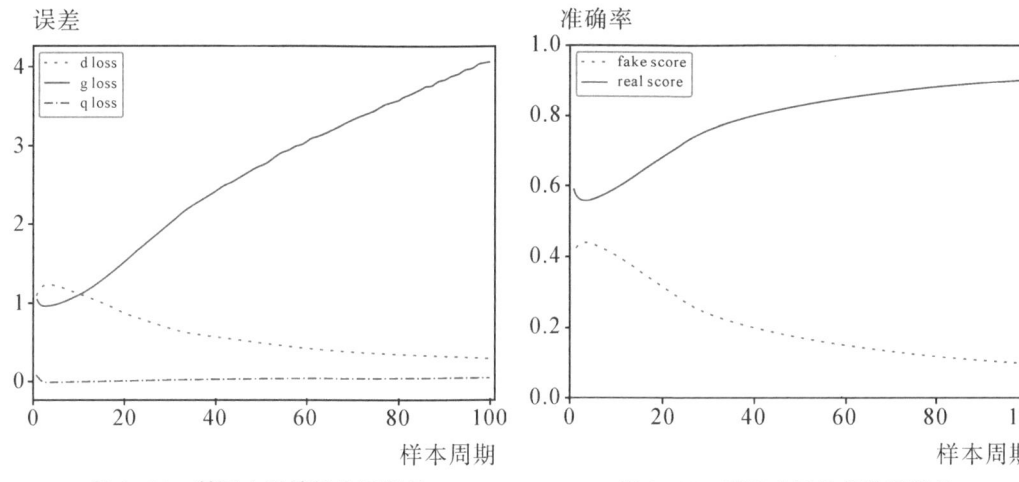

图 2-13 基于交叉熵损失函数的
InfoGAN 的误差与样本周期的关系

图 2-14 基于交叉熵损失函数的
InfoGAN 的准确率与样本周期的关系

由图 2-13 可以清楚看到判别网络的误差在不断降低，而生成网络的误差在不断上升。但是从上面图像生成的效果看，GAN 对数字的模仿效果一直都比较好，分析其中原因，是因为训练使用潜码完全随机导致的，当潜码分布无规律时，InfoGAN 无法生成可观的图像。至于其中最根本的原因，还有待考究。

由图 2-14 知，由于判别网络的准确率不断提高，生成网络的准确率在不断下降，笔者猜测下降原因可能与上面误差的上升是同一个问题导致。

在不同特定的潜码下，训练好的网络生成数据的结果可以大有不同。当潜码趋于均匀分布的情况下，潜码的顺序可以准确影响生成图片的内容顺序；但当潜码分布越不均匀，生成的效果越不理想，如图 2-15 所示。

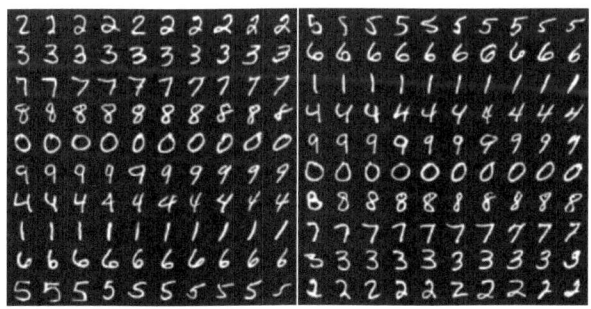

（a）潜码 0123456789 与潜码 9876543210 诱导下的生成结果
说明：潜码顺序与倒序均匀分布下网络生成数据结果显示

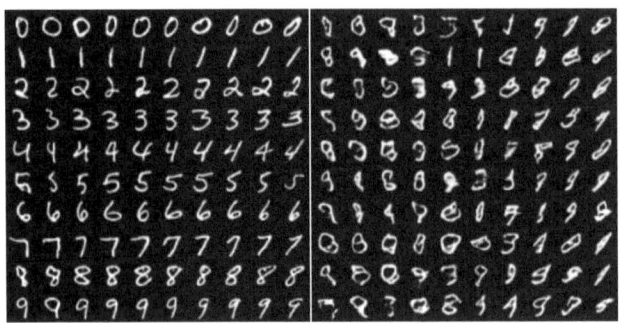

（b）潜码 4701698235 与潜码 5555555555 诱导下的生成结果

说明：潜码不均匀分布下网络生成数据显示

图 2-15　基于交叉熵损失函数的 InfoGAN 在不同潜码下的生成效果

基于蒙特卡罗策略梯度的 InfoGAN 在不同样本周期下的生成效果如图 2-16 所示。

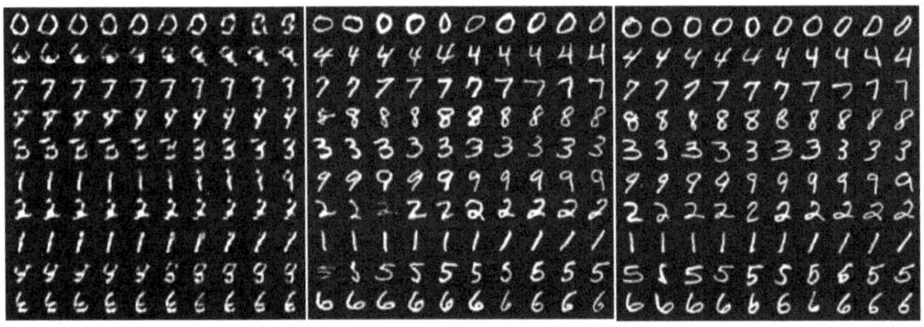

图 2-16　训练的样本周期分别为 1、10、100 的效果

横向比较基于策略梯度下的 2 个模型在 100 个样本周期后的生成效果如图 2-17 所示。

图 2-17　训练样本周期为 100 的 2 个模型

利用策略梯度算法同样可以生成自动聚类的数据，效果与基于交叉熵误差实现的差别不大。

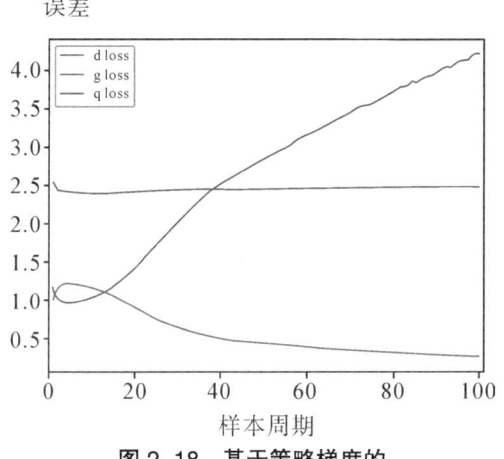

图 2-18　基于策略梯度的
InfoGAN 的误差与样本周期的关系

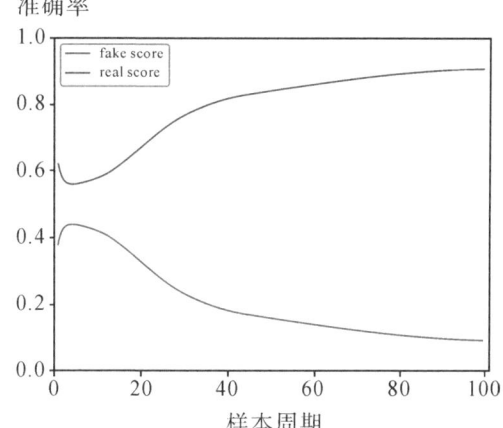

图 2-19　基于交叉熵损失函数的
InfoGAN 的准确率与样本周期的关系

如图 2-18、图 2-19 所示，同样出现了与前面方法一样的问题，但除了网络 Q 的误差值始终偏高外，与交叉熵误差实现的区别不大。

对比两种实现方法，它们的结果大同小异，都能实现生成网络的"仿写"和分类功能，证明了蒙特卡罗策略梯度的可用性。总而言之，对比这两种方法，仅能观察到强化学习之于生成式对抗网络的可行性，使用交叉熵损失函数还是策略梯度算法并无优劣之分。

2.5　小结

本章结合强化学习思想，对 GAN 进行探索性研究。利用了强化学习的基本方法之一——策略梯度，对 GAN 在离散任务上进行改进。考虑到 InfoGAN 能够实现聚类的任务，便着手从最简单的策略梯度方法进行研究，找出可以应用到的突破点，最终决定从损失函数入手。通过修改损失函数，实现了强化学习思想的应用。虽然实现起来有瑕疵，以至生成网络的误差值偏高，包括原 InfoGAN 的交叉熵方法，但生成效果符合预期，证明了该思路的可行性。

探索过程中，比较意外的收获应该是强化学习思想与 GAN 训练策略的相似性，同样利用了迭代训练和梯度下降的优势，实现了"同一问题，殊途同归"的解决方案，令人印象深刻，可见机器学习方法的王国终会有一统的大业。

参考文献

[1] YU L T, ZHANG W, WANG J, et al. SeqGAN: sequence generative adversarial nets with policy gradient [J]. 2016, arXi: 1609.05473v6.

[2] MCCULLOCH W S, PITTS W. A logical calculus of the ideas immanent in nervous activity [J]. The bulletin of mathematical biophysics, 1943, 5(4): 115–133.

[3] FUKUSHIMA K. Aneural network for visual pattern recognition [J]. IEEE Comput, 1988, 21(3): 65–75.

[4] ARJOVSKY M, CHINTALA S, BOTTOU L, et al. Wasserstein GAN [J]. 2017.

[5] GOODFELLOW I, JEAN P-A, MIRZA M, et al. Generative adversarial nets [C] // International Conference on NeuralInformation Processing Systems. 2014.

[6] CHEN X, DUAN Y, HOUTHOOFT R, et al. InfoGAN: Interpretable Representation Learning by Information Maximizing Generative Adversarial Nets [J]. Neural Information Processing Systems (NIPS), 2016, arXiv: 1606.03657v1.

[7] THOMAS P S, BRUNSKILL E. Policy Gradient Methods for Reinforcement Learning withFunction Approximation and Action-Dependent Baselines [J]. 2017.

[8] KRIZHEVSKY A, SUTSKEVER I, HINTON G E. ImageNet Classification with Deep Convolutional Neural Networks [C] // NIPS. Curran Associates Inc. 2012.

[9] RADFORD A, METZ L, CHINTALA S. Unsupervised Representation Learning with Deep Convolutional Generative Adversarial Networks [J]. Computer Science, 2015.

[10] MIRZA M, OSINDERO S. Conditional Generative Adversarial Nets [J]. Computer Science, 2014: 2672–2680.

[11] RADFORD A, METZ L, CHINTALA S. Unsupervised Representation Learning with Deep Convolutional Generative Adversarial Networks [J]. Computer ence, 2015.

[12] FUKUSHIMA K. Neocognitron: A self-organizing neural network model for a mechanism of pattern recognition unaffected by shift in position [J]. Biological Cybernetics, 1980, 36(4): 193–202.

[13] K DIEDERIK, B JIMMY. ADAM. A method for Stochastic Optimization [J]. Computer Science, 2014.

3 融合强化学习和 GAN 的文本智能生成系统

3.1 引言

智能设备的普及，使人们处理各项事务愈发便利，人工智能的飞速发展，更让人们对智能软件的未来寄予了更大的期望，这对如何让人机交互变得更为自然提出了更高的要求。例如，在电子商务领域，传统的机器人客服一般是通过设置关键字从而对用户所提的问题进行解答，而这样机械而生硬的解答显然无法解决大多数问题，因此人们更倾向于寻求人工客服的帮助。在这样的场景下，机器人客服并不能有效减少人工客服的工作量，而对于用户来说，与机器人客服进行对话的体验则十分糟糕。

2016 年 3 月，由 DeepMind 开发的围棋软件 AlphaGo，通过学习人类棋谱自我对弈进行训练，以及自我对弈数以万计盘进行强化练习，最终在一场五番棋比赛中以 4:1 的成绩击败顶尖职业棋手李世石，由此激起了大众对人工智能的极大兴趣。人们不禁期待，既然人工智能能在围棋这类赛事上战胜人类，那么在传统的诸如作诗、作曲这些需要灵感的创作领域，能否超越人类呢？这些全都取决于机器能否学习人类创作的内容，并且生成让人无法辨别是机器生成的文本。值得庆幸的是，在文本方面从来都不缺少训练用的数据集。

国内外已经有诸如 Automated Insights、Narrative Science、南方都市报社的写稿机器人小南以及今日头条研发的写稿机器人小明等文本生成系统投入使用。这些系统根据格式化数据或自然语言文本生成新闻、财报或其他解释性文本。例如，Automated Insights 的 WordSmith 技术已经被美联社等机构使用，帮助美联社报道大学橄榄球赛事、公司财报等新闻。这使得美联社不仅新闻更新速度更快，而且在人力资源不变的情况下扩大了其在公司财报方面报道的覆盖面。由此可见，文本智能生成技术极具研究价值。受限于客服对话训练集的获取，本章原计划打造的智能客服系统不得不更改为会作诗的聊天机器人系统，以展示模型生成真实数据的效果。目前该系统已在微信公众号 RobotK 上线。

3.2 相关技术介绍

3.2.1 词嵌入

词嵌入（word embedding）技术用于将一组语言进行建模，是一种特征学习方式。词库中的单词或短语会通过这种方式映射到实数向量。从概念上讲，它就是将每个单词从具有庞大的维度空间嵌入更低维度的连续向量空间，即把one-hot编码而成的上万维的词向量输入神经网络，在隐藏层变成一个只有几百或者几十维的词向量。

生成这种映射的方法分为两大体系：基于计数（counted based）和基于预测（prediction based）。这些体系的目标在于定义神经网络输出层的输出意义，并给出相应的期望输出，从而通过训练使得整个神经网络的训练参数得到优化。例如假设采用基于预测体系，其输出层将同样是一个上万维的、每个词作为输入词的下一个词的概率向量，期望输出向量就是下一个词的one-hot分布向量。当参数训练完之后，就可以拆除体系中的输出层，让隐藏层对新的输入进行降维编码，即词嵌入。

基于预测体系中比较著名的方法为CBOW和Skip-Gram。这两种方法的区别是CBOW通过某一个词汇的前后一个或多个词汇W_{i-1}和W_{i+1}来预测W_i；而Skip-Gram则是通过给定的词汇W_i去预测其对应的上下文W_{i-1}和W_{i+1}。

3.2.2 评价指标

1. 基于文章相似度的指标

度量生成文章质量最直观的方法就是比较生成的文章与自然语言或训练数据集的相似程度。

（1）BLEU。

BLEU是一种广泛使用的指标，用来评估句子或文章中词语的相似度。

（2）EmbSim。

EmbSim是一个在Texygen中提出的用来评估两篇文章的相似度的指标，EmbSim代表嵌入相似度（embedding similarity）。不同于逐词比较句子，EmbSim用词嵌入来进行比较。

首先，使用跨词序列模型（skip-gram model）来评估真实数据中的词嵌入。对于每个词嵌入，计算该词嵌入与其他单词的余弦距离，然后将其表示为矩阵W，其中$W_{i,j} = \cos(e_i, e_j)$，e_i和e_j表示真实数据中单词i和单词j的词嵌入。W称为真实数据的相似矩阵。

同样的，可以从生成数据中得到相似矩阵W'，其中$W'_{i,j} = \cos(e'_i, e'_j)$，$e'_i$和$e'_j$表示生成数据中单词$i$和单词$j$的词嵌入。

词嵌入定义为

$$\text{EmbSim} = \log\left(\sum_{i=1}^{N} \cos(W_i', W_i) / N\right) \quad (3-1)$$

式中，N 是单词的总数；W_i 和 W_i' 分别表示矩阵 W 和 W' 的第 i 列。

2. 基于似然的指标

基于 MLE（旨在最小化真实数据分布 p 与 q 模型中生成数据分布之间的交叉熵），可以设计多种指标通过测量 likelihood 来评估数据和模型的拟合程度。

负对数似然（negative log-likelihood，NLL）专门应用于合成数据实验。在 $\text{NLL}_{\text{oracle}}$ 中，随机初始化的 LSTM 模型 oracle 被认为是真实模型。文本生成模型需要最小化在 oracle LSTM 上生成数据的平均负对数似然，即 $E_{x\sim q} \log p(x)$，其中 x 表示生成数据。

由于 LSTM 模型被当作是真实模型，因此指标可以逐词计算每个句子的平均损失。

$$NLL_{\text{oracle}} = -\mathbb{E}_{Y_{1:T}\sim G_\theta}\left[\sum_{t=1}^{T}\log\left(G_{\text{oracle}}(y_t|Y_{1:t-1})\right)\right] \quad (3-2)$$

式中，G_{oracle} 表示 oracle LSTM，G_θ 表示生成模型。

3.3 融合强化学习和 GAN 的设计与实现

3.3.1 序列生成式对抗网络

序列生成式对抗网络训练过程如图 3-1 所示。给定一组已经结构化了的来自现实世界的序列数据集，训练一个参数为 θ 的生成模型 G_θ 来生成序列 $Y_{1:T} = (y_1, ..., y_t, ..., y_T), y_t \in \mathcal{Y}$，其中 $\mathcal{Y}$ 表示给定数据集的词库，包含所有候选的 token。于是就可以将序列生成问题表示为强化学习问题。在某一时刻 t，状态 s 表示当前已经生成了的 token 序列，而动作 a 则表示所要选择的下一个 token y_t。显然，这里的策略模型 $G_\theta(y_t|Y_{1:t-1})$ 是一种随机策略，而一旦选择了某一个动作，那么状态的转换则是确定的。例如，假设当前状态 $s = Y_{1:t-1}$，选择动作 $a = y_t$，那么对于下一个状态 $s' = Y_{1:t}$ 来说，$\delta_{s,s'}^{a} = 0$；而对于其他任何状态 s''，$\delta_{s,s'}^{a} = 0$。

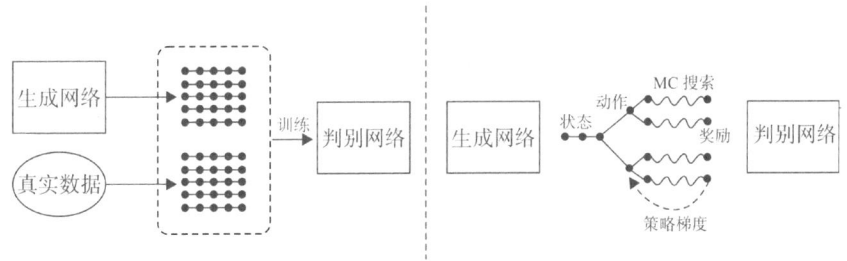

图 3-1 序列生成式对抗网络训练过程

3.3.2 带有策略梯度的序列生成式对抗网络

对于一个完整序列，生成网络 $G_\theta(y_t|Y_{1:t-1})$ 的目标是最大化生成序列的期望奖励 $J(\theta)$。

$$J(\theta) = \mathbb{E}[R_T|s_0,\theta] = \sum_{y_1 \in \gamma} G_\theta(y_1|s_0) \cdot Q_{D_\Phi}^{G_\theta}(s_0, y_1) \quad (3-3)$$

式中，s_0 表示初始状态；R_T 表示一个完整序列的奖励信号。需要注意的是这个奖励信号来自判别网络 D_Φ。$Q_{D_\Phi}^{G_\theta}(s,a)$ 则是一个序列的动作-值函数，意思是从状态 s 开始，根据策略 G_θ 选择执行的动作 a 之后，得到期望奖励的大小。

接下来的问题就是，怎样去估计一个动作-值函数。本章采用 REINFORCE 算法并且将判别网络 D_Φ 评估生成序列为真的概率当作奖励。于是可以得到

$$Q_{D_\Phi}^{G_\theta}(a = y_T, s = Y_{1:T-1}) = D_\Phi(Y_{1:t}) \quad (3-4)$$

然而，判别网络 D_Φ 只能评估一个完整的序列并给出奖励信号。由于实际上只关心每个时间节点的长期奖励，因此不但要考虑当前 token 与已生成序列的匹配度，还要考虑未来的输出结果。这就类似于下围棋，棋手有时不得不放弃当前的一手好棋以赢得最终的胜利。因此，为了估计中间状态的动作-值函数，需要采用蒙特卡罗方法，通过 roll-out 策略 G_β 去模拟采样还未生成的最后 T-t 个 token。在这里，将 n 次蒙特卡罗搜索表示为

$$\{Y_{1:T}^1, ..., Y_{1:T}^N\} = MC^{G_\beta}(Y_{1:t}; N) \quad (3-5)$$

式中，$Y_{1:T}^N = (y_1, ..., y_t)$ 和 $Y_{t+1:T}^N$ 是根据当前状态通过 roll-out 策略 G_β 模拟采样得到的。本系统中，roll-out 策略 G_β 与生成网络 G_θ 是一样的。为了尽可能减小方差并且得到一个更准确的动作值，从当前状态开始，采用 roll-out 策略 G_β 对未完全生成的序列进行 N 次采样，从而得到 N 个样本。于是有

$$Q_{D_\Phi}^{G_\theta}(s = Y_{1:t-1}, a = y_t) = \begin{cases} \frac{1}{N}\sum_{n=1}^{T} D_\Phi(Y_{1:T}^n), Y_{1:T}^n \in MC^{G_\beta}(Y_{1:t}; N) & \text{当 } t < T \\ D_\Phi(Y_{1:t}) & \text{当 } t = T \end{cases} \quad (3-6)$$

可以看到，如果目前处于中间状态，函数被定义为所有通过 MC 方法进行搜索直到生成完整的序列给出的奖励的平均值。

判别网络 D_Φ 可以动态地更新，这也是将其作为奖励函数的好处，因而能够迭代式地指导生成网络 G_θ 学习。当得到一组足够真实的生成序列时，就需要根据下式重新训练判别网络 D_Φ：

$$\min_\Phi - E_{Y \sim p_{\text{data}}}[\log D_\Phi(Y)] - \mathbb{E}_{Y \sim G_\theta}[\log(1 - D_\Phi(Y))] \quad (3-7)$$

每当训练好一个新的判别网络 D_Φ 之后，就可以继续更新生成网络 G_θ 了。基于策略的方法依赖于优化参数的策略，从而直接最大化长期奖励。生成网络 G_θ 的目标函数的梯度可以表示为

$$\nabla_\theta J(\theta) = \sum_{t=1}^{T} \mathbb{E}_{Y_{1:t-1} \sim G_\theta} \left[\sum_{y_t \in \gamma} \nabla_\theta G_\theta(y_t | Y_{1:t-1}) \cdot Q_{D_\Phi}^{G_\theta}(Y_{1:t-1}, y_t) \right] \quad (3\text{-}8)$$

上述的形式是基于确定的状态转换以及不存在中间状态奖励。通过使用似然比，可以对公式构建一个无偏估计（在一个回合中）：

$$\begin{aligned}
\nabla_\theta J(\theta) &\simeq \sum_{t=1}^{T} \sum_{y_t \in \gamma} \nabla_\theta G_\theta(y_t | Y_{1:t-1}) \cdot Q_{D_\Phi}^{G_\theta}(Y_{1:t-1}, y_t) \\
&= \sum_{t=1}^{T} \sum_{y_t \in \gamma} G_\theta(y_t | Y_{1:t-1}) \nabla_\theta \log G_\theta(y_t | Y_{1:t-1}) \cdot Q_{D_\Phi}^{G_\theta}(Y_{1:t-1}, y_t) \\
&= \sum_{t=1}^{T} \mathbb{E}_{y_t \sim G_\theta(y_t | Y_{1:t-1})} \left[\nabla_\theta G_\theta(y_t | Y_{1:t-1}) \cdot Q_{D_\Phi}^{G_\theta}(Y_{1:t-1}, y_t) \right] \quad (3\text{-}9)
\end{aligned}$$

式中，$Y_{1:t-1}$ 是从 G_θ 中采样到的中间状态。由于期望 $\mathbb{E}[\cdot]$ 可以通过采样方法近似，于是可以这样更新生成网络 G_θ 的参数 θ：

$$\theta \leftarrow \theta + \alpha_h \nabla \sigma_\theta J(\theta) \quad (3\text{-}10)$$

式中，$\alpha_h \in R^+$ 表示第 h 步相应的学习率。

```
算法：序列生成对抗网络
输入：训练集 S = {X_{1:T}}
输出：生成模型 G_θ
随机初始化生成模型 G_θ，判别模型 D_Φ
在 S 上利用 MLE 算法对 G_θ 进行预训练
初始化 roll-out 策略 G_β ← G_θ
利用 G_θ 生成负样本，对 D_Φ 进行预训练
repeat
    for i = 1 : g-steps do
        G_θ 生成采样序列 Y_{1:T} = (y_1, ..., y_t)
        for t = 1 : T do
            按照公式（3-4）计算奖励值
        end for
        通过公式（3-8）更新 G_θ
    end for
    for j = 1 : d-steps do
        for k = 1 : samples do
            从 G_θ 中采样负样本，从 S 中采样正样本
            根据公式（3-5）对 D_Φ 进行训练
        end for
    end for
    β ← θ
until G_θ 收敛
```

图 3-2　序列生成式对抗网络算法

总的来说，整个算法细节如图 3-2 所示。在训练的初始阶段，首先在训练集 s 上使用 MLE 方法来对 G_θ 进行预训练。接着使用预训练得到的 G_θ 生成负样本来对 D_ϕ 进行预训练。在预训练阶段结束之后，分别对生成网络和判别网络交替训练直到收敛。在训练判别网络时，正样本来自给定的数据集，负样本来自生成网络生成的数据，为了保证平衡性，负样本的数量要和正样本的数量相同。另外，为了减小估计的方差，在训练判别网络的每轮迭代中，需要选取不同组的负样本。

3.3.3 序列生成式对抗网络的实现

1. 序列生成模型

本章采用循环神经网络（RNN）作为生成模型。RNN 通过递归的方式更新函数 g，将 $x_1, \cdots, x_T$ 序列的输入嵌入，表示 $x_1, \cdots, x_T$ 映射到一组隐藏状态 $h_1, \cdots, h_T$ 中。

$$h_T = g(h_{t-1}, x_t) \tag{3-11}$$

此外，Softmax 输出层 z 将隐藏的状态映射到输出的 token 分布：

$$p(y_t | x_1, \cdots, x_T) = z(h_t) = \text{Softmax}(c + Vh_t) \tag{3-12}$$

其中参数包括一个偏置向量 c 和一个权重矩阵 V。为了解决 BPTT 算法经常出现的梯度消失和梯度爆炸问题，本章选择采用 LSTM 细胞来实现函数 g 的更新。

2. 序列判别模型

判别模型实际上就是一个文本分类器，而卷积神经网络（convolution neural network，CNN）在文本分类任务中有着出色的性能，因此本章选择采用 CNN 作为判别网络，对来自给定数据集和生成模型的正负样本进行分类。

首先将输入序列 $x_1, \cdots, x_T$ 表示为

$$\varepsilon_{1:T} = x_1 \oplus x_2 \oplus \ldots \oplus x_T \tag{3-13}$$

式中，$x_t \in R^k$ 是 k 维词嵌入，运算符 $\oplus$ 表示级联操作，将输入序列通过这个操作得到输入特征矩阵 $\varepsilon_{1:T} \in R^{T \times k}$。接着，通过窗口长度为 l 的卷积核 $\omega \in R^{l \times k}$ 对刚刚得到的输入特征矩阵 $\varepsilon_{1:T} \in R^{T \times k}$ 进行卷积操作，从而获得一个新的特征图：

$$c_i = \rho(\omega \otimes \varepsilon_{i:i+l-1} + b) \tag{3-14}$$

式中，运算符 $\otimes$ 表示卷积操作，b 为偏置项，ρ 则是一个非线性函数。通过使用多个窗口长度不同的卷积核，就能够获得多个不同的特征图。最后再对每个特征图进行下采样操作，抽取若干特征值，只保留最大值，作为池化层保留值，从而得到 $\tilde{c} = \max\{c_1, \cdots, c_{T-l+1}\}$。

为了提高性能，再对池化后的特征图添加 highway 架构，最后采用一个全连接的 sigmoid 激活函数来输出一个输入序列为真的概率。优化的目标就是最小化真实标签和预测值的交叉熵（cross entropy）。

3.3.4 实验

1. 训练设置

数据集：在合成数据训练中，词库中词的总数设置为 5000，句子的长度设置为 20，oracle 模型将生成 10 000 个句子。在真实数据训练中，从 COCO 图片描述数据集中挑选 20 000 个句子，其中一半作为训练集，另一半作为测试集。

网络设置：通过标准正态分布 $N(0,1)$ 初始化生成模型的参数，使用 MLE 训练作为预训练过程。在预训练阶段分别对生成网络和判别网络训练 80 个 epoch，然后再进入对抗训练阶段，在每个对抗训练 epoch，更新 1 次生成网络，并且更新 15 次判别网络。总的对抗训练 epoch 为 100。

评价指标：对于合成数据训练，采用 NLL_{oracle} 指标。由于 oracle LSTM 无法生成带有语义的词语，无法计算合成数据的 BLEU 得分或者 EmbSim。另一方面，对于真实数据训练，采用 BLEU 得分、Self-BLEU 得分以及 EmbSim 三个指标进行评估。

2. 合成数据实验

NLL_{oracle} 的训练曲线如图 3-3 所示。MLE 在训练了 80 个 epoch 之后已经趋于收敛，此时开始进行对抗训练可以突破 MLE 方法的极限，这表明了序列生成式对抗网络在生成离散序列任务上对比 MLE 方法有着明显改进。

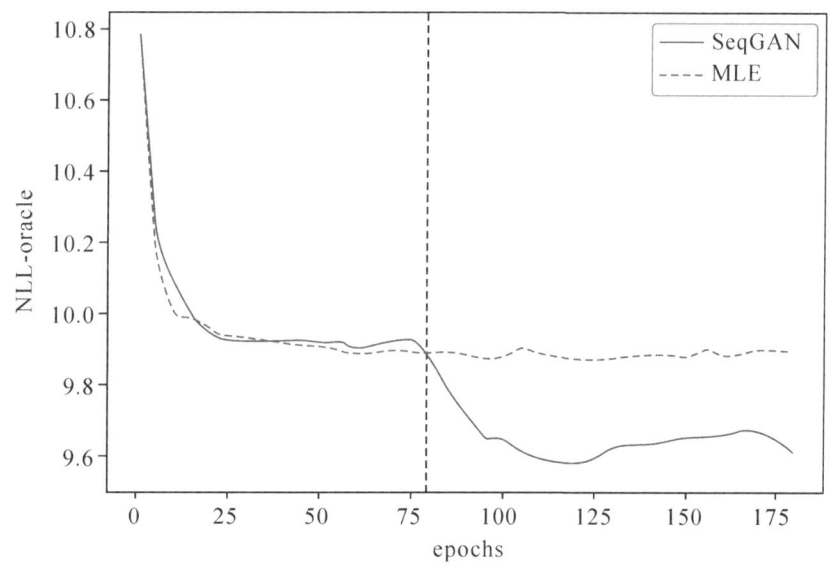

图 3-3 NLL_{oracle} 的训练曲线比较

3. 真实数据实验

EmbSim 的训练曲线如图 3-4 所示。可以看到，序列生成式对抗网络在对抗训练开始之后对比预训练阶段有更好的表现，即更贴近数据集中词语的表达。

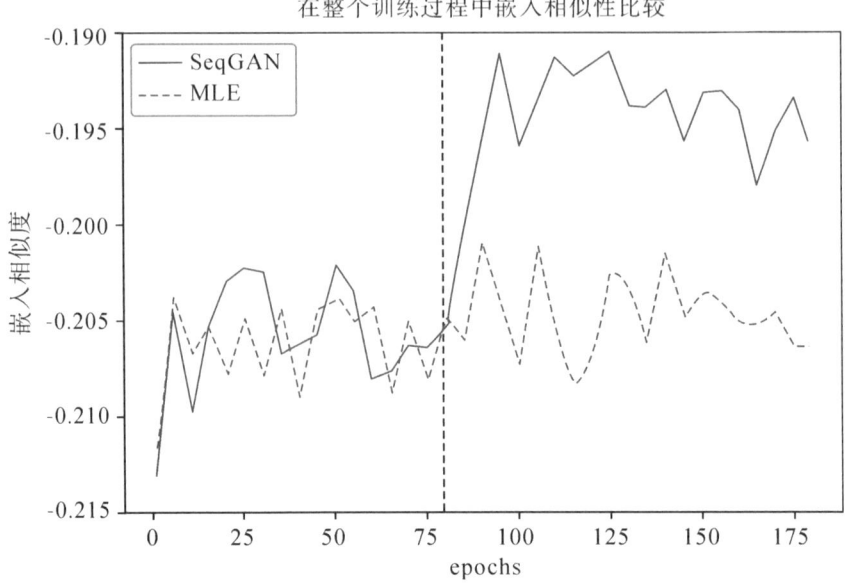

图 3-4　EmbSim 的训练曲线比较

训练集和测试集的 BLEU 得分分别如表 3-1 和表 3-2 所示。可以看到，在 BLEU 得分上序列生成式对抗网络与 MLE 方法不相上下，即两种方法在共现词的频率上基本持平。

表 3-1　训练集上的 BLEU 得分

	SeqGAN	MLE
BLEU-2	0.917	0.921
BLEU-3	0.747	0.768
BLEU-4	0.530	0.570
BLEU-5	0.348	0.392

表 3-2　测试集上的 BLEU 得分

	SeqGAN	MLE
BLEU-2	0.745	0.731
BLEU-3	0.498	0.497
BLEU-4	0.294	0.305
BLEU-5	0.180	0.189

Self-BLEU 得分如表 3-3 所示。遗憾的是序列生成式对抗网络还是难以避免 GAN 模型的通病，相比 MLE 方法更容易生成类似的样本，多样性较低，但还在可接受的范围之中。

表 3-3　Self-BLEU 得分

	SeqGAN	MLE
BLEU-2	0.950	0.916
BLEU-3	0.840	0.769
BLEU-4	0.670	0.583
BLEU-5	0.489	0.408

3.4 作诗聊天机器人系统的设计与实现

鉴于微信公众平台的通用性以及订阅号自带的聊天框架,相比自行编写一个简陋的界面展示模型效果,微信订阅号无疑是一个更适合用于展示聊天机器人属性的平台,并且在部署好之后便可以直接上线推广,故本系统选择使用微信订阅号作为前端界面,接收用户输入的信息,然后由微信服务器转发信息至后台服务器端进行处理,最后返回结果。

3.4.1 系统需求分析及设计

1. 系统环境

本系统采用 C/S 结构,前端界面选择使用微信订阅号作为展示窗口,后端服务器采用 Tornado Web Server 框架处理请求,使用开源的 Wechat-Python-sdk 包处理订阅号所传来的消息,并将已训练好的聊天机器人模型和古诗模型部署在服务器上,对用户的输入进行处理并返回预测结果,从而实现聊天机器人的效果。

后端服务器环境信息如表 3-4 所示。

表 3-4 服务器环境信息

操作系统	Python 版本信息	Anaconda 版本信息	TensorFlow 版本信息	Tornado 版本信息	Wechat-Python-sdk 版本信息
Ubuntu 16.04 LTS	Python 3.7.2	Anaconda 2019.03 for Linux	TensorFlow 1.13	Tornado Web Server 6.0.2	Wechat-Python-sdk 0.6.4

2. 系统需求分析

本系统需求较为简单,即对用户的输入进行处理,调用合适的模型生成对应的文本,并将结果返回给用户,从而实现聊天机器人的效果。本系统将实现两个功能:

(1)聊天模式,即调用通过"小黄鸡语料库"训练的模型,生成回复性的文本,实现聊天的效果。

(2)古诗模式,即调用通过 17 000 首五言绝句训练的模型,根据用户输入的首字生成一首五言绝句,实现作诗的效果。

3. 系统用例分析

系统的用户群体只有一类,用户可以关注公众号、进入聊天模式、进入古诗模式以及取消关注。用户首先需要关注微信公众号 RobotK 并点击进入聊天界面从而进入系统。关注公众号后,系统将会提示用户可以输入关键词"古诗"进入古诗模式,用户默认进入聊天模式,此时输入任意信息即可开始聊天。当用户输入关键字"古诗"时,将进入古诗模式,此时用户被要求只输入一个汉字,系统将根据用户输入的汉字进行

"创作"。假如用户输入多于一个汉字,系统则会提示用户"只能输入一个汉字"。由于进入古诗模式后,系统会屏蔽无关的输入,用户需要输入关键字"退出",才能退出古诗模式,回到聊天模式。最后,用户可以选择退出聊天界面或取消关注,从而退出系统。整个系统的用例图如图3-5所示。

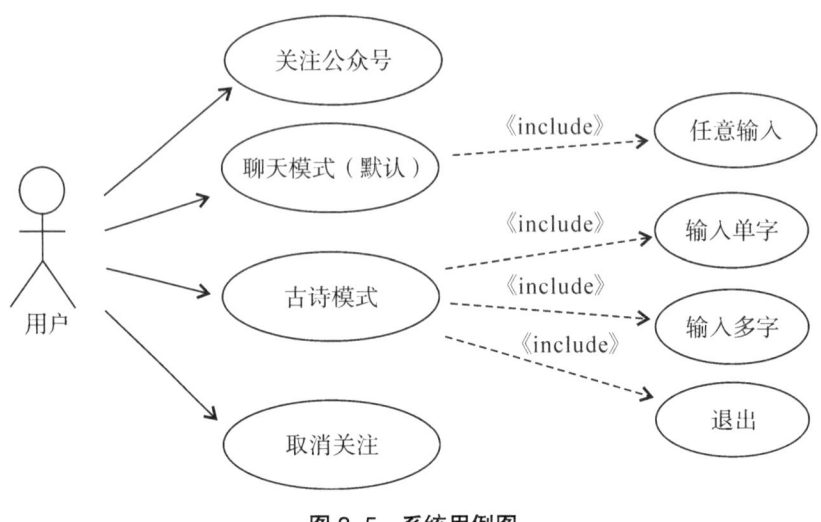

图3-5 系统用例图

4. 系统架构分析

整个系统由数据处理平台、信息中转平台以及应用平台三部分组成,具体形式如图3-6所示。

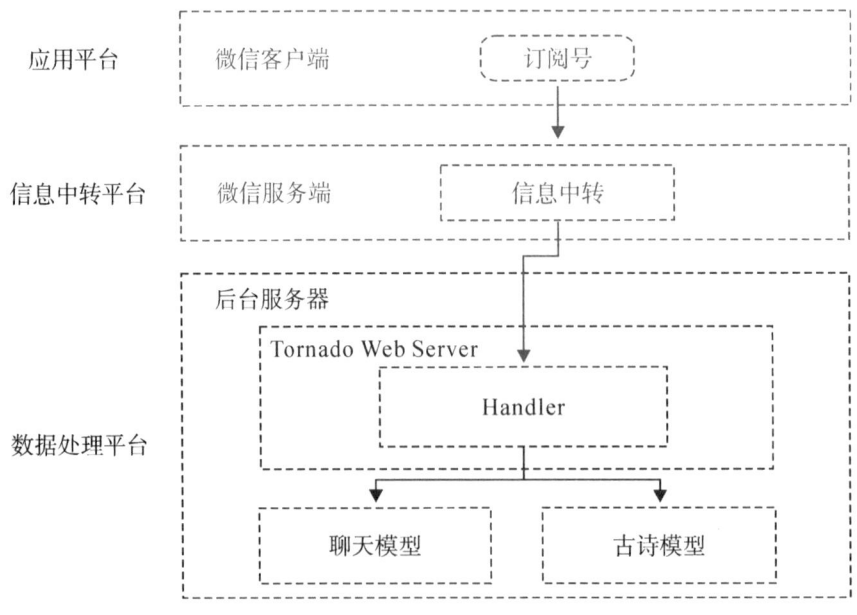

图3-6 系统架构图

应用平台：即微信订阅号，用户需要在手机上安装微信客户端（微信 5.0 及以上版本），注册并登录，然后搜索并关注公众号"RobotK"即可。

信息中转平台：由于用户基于微信订阅号和系统进行交互，微信公众平台会将用户向订阅号所发送的消息打包成 XML 数据包，然后发送到所设置的服务器上。

数据处理平台：即后台服务器，通过 Tornado Web Server 框架接收微信服务器转发来的消息，包括对 XML 数据包的解析，维护一个状态列表记录用户当前状态，从而对处于不同状态的用户的输入进行不同的处理，调用已训练好的模型生成预测文本。

3.4.2 系统实现

3.4.2.1 接入微信公众平台

首先需要在微信公众平台官网进行注册，目前个人用户可以免费申请微信订阅号，尽管有许多权限上的限制，但对于本系统所要实现的聊天机器人的效果这一需求还是能够满足的。在完成注册后，可以看到订阅号本身带有简单的针对特定关键词规则进行自动回复消息的功能，但这并不能够接入已经训练好的模型，因此需要进入官网中的开发模块对服务器的配置进行设置。

为了接入微信公众平台以进行开发，有如下几个步骤。

首先需要填写服务器配置。登录微信公众平台官网后，在上述提到的开发模块中填写服务器的接口地址、令牌以及 Encoding AES Key。其中服务器的接口地址就是后台服务器用来监听微信公众平台转发的消息和事件的接口地址。令牌用于生成签名，相当于自行设置的密码，可以随意填写，在通信时首先会比较接口 URL 所包含的令牌与这个令牌是否相同，从而验证安全性。Encoding AES Key 一般是随机生成的，主要用来当作密钥对消息体进行加解密。

然后就是检验消息是否来自微信公众平台。完成服务器配置信息的填写之后，需要点击启用配置。这样，微信公众平台就会向所设置的后台服务器地址发起一个 GET 请求。该请求会携带一组参数，如表 3-5 所示。

表 3-5 GET 请求携带的参数

参数	描述
signature	加密签名，包含 token 参数以及请求中的 timestamp 参数、nonce 参数
timestamp	当前的时间戳
nonce	一组随机生成的数
echostr	一组随机生成的字符串

服务器在监听到 GET 请求后，需要自行加密一个签名并与请求中所携带的 signature 进行对比校验。如果校验通过，则返回 echostr 参数的内容。至此，接入微信公众平台生效，否则失败。

服务器需要通过三个步骤进行加密以及校验：

（1）根据字典序，将所设置的 token 值和请求所携带的 timestamp、nonce 这三个参数进行排序。

（2）拼接排序后的三个字符串，然后对所得到的字符串使用 sha1 方法进行加密。

（3）比较（2）中加密后得到的字符串与传来的 signature 参数是否相同，从而确认这个请求是否来自微信公众平台。

最后，根据接口文档实现自定义的功能。当微信公众平台验证所提供的接口 URL 的有效性成功后，后台服务器就顺利接入了微信公众平台。还有一点值得留意的是，由于微信公众平台接口必须以 http:// 开头，对应 80 端口，或 https:// 开头，对应 443 端口，在设置服务器监听端口时需要注意。

3.4.2.2 微信公众平台转发消息的格式

目前系统只针对用户输入的普通文本消息以及关注/取消关注事件进行处理。当用户发送消息至公众号时，微信公众平台会将消息整合成 XML 数据包，然后转发至后台服务器。具体 XML 数据包结构如下：

```
<xml>
    <ToUserName><![CDATA[toUser]]></ToUserName>
    <FromUserName><![CDATA[fromUser]]></FromUserName>
    <CreateTime>1348831860</CreateTime>
    <MsgType><![CDATA[text]]></MsgType>
    <Content><![CDATA[this is a test]]></Content>
    <MsgId>1234567890123456</MsgId>
</xml>
```

对应参数描述如表 3-6 所示。

表 3-6　XML 数据包参数描述

参　　数	描　　述
ToUserName	接收方 OpenID
FromUserName	发送方 OpenID
CreateTime	消息创建时间
MsgType	消息类型，其中文本为 text，事件为 event
Content（消息类型为 text 时包含）	文本消息内容
MsgId（消息类型为 text 时包含）	消息 id，64 位整型
Event（消息类型为 event 时包含）	事件类型，subscribe（订阅）、unsubscribe（取消订阅）

在了解格式之后，服务器端在接收到 XML 数据包后需要进行相应的解析，判断消息类型，从而读取用户输入的消息。回复消息时同样以上述 XML 数据包格式对回复内

容进行包装，然后发送至微信公众平台进行转发。

3.4.2.3　使用 Tornado Web Server 框架

Tornado Web Server 框架是一个基于 Python 的 Web 服务器框架，通过使用异步非阻塞式 I/O 的方式，能够支持上万级的连接，体现较为出色的抗负载能力。

一般来说，一个 Web 服务器的工作流程如下：

（1）创建一个 listen socket，并设置监听的端口，等待客户端发起请求。

（2）步骤（1）中创建的 listen socket 在监听到来自客户端的请求后，将建立 client socket，然后通过 client socket 与客户端进行通信。

（3）在接受到请求之后，服务器开始对请求进行处理。第一步是从 client socket 中获取 HTTP 请求的协议头，若所读取到的协议头为 POST 协议，则有可能还需要读取客户端所传来的数据，然后才开始处理请求，接着将所需要发送给客户端的数据进行打包，最后通过 client socket 对请求进行回复。

使用 Tornado 框架的时候首先需要引入 4 个模块，各模块的作用分别是：

① tornado.httpserver：这个模块是用来解决 HTTP 协议问题的，实现与客户端互通的功能。

② tornado.ioloop：ioloop 是 Tornado 的核心处理类，对用户的请求进行轮询遍历操作，主要针对客户端发起的多个请求进行处理。

③ tornado.options：用于解析命令行。

④ tornado.web：web 模块是框架的核心模块，用于构建 Web 框架并提供异步功能。

除了引入上述模块之外，还需要定义一个 Handler 类，用于处理客户端所提出的请求，并进行反馈，包括返回请求中所需要的信息，或者返回错误信息以提示客户端请求错误。一般类的名字可以任意取，但为了明确功能，会在类的名字最后加上 Handler，本系统中 Handler 类的名字为 WeChatHandler。而 Handler 类中必须传入一个参数 tornado.web.RequestHandler，这个参数用于定义 get（）和 post（）两个 web 服务常用方法中的内容，完成对请求的处理。类中的方法必须传入 self 参数，在类实例化之后，self 对应的其实就是上面提到的 tornado.web.RequestHandler。

```
def post (self):
    signature = self.get_argument ('signature', 'default')
    timestamp = self.get_argument ('timestamp', 'default')
    nonce = self.get_argument ('nonce', 'default')
    ......
    self.write (result)
```

比如本系统中 WeChatHandler 类定义的 post ( ) 方法中, get_argument ( ) 其实就是 tornado.web.RequestHandler 中的一个方法, 该方法会返回指定名称参数的对应值, 并且是 unicode 格式。在 post ( ) 方法的最后用到了 tornado.web.RequestHandler 中的 write ( ) 方法, 这个方法将指定的数据, 如这里的 result, 写入输出缓冲区, 然后传回给客户端, 完成对请求的回复。对请求的处理过程将在下一节中详细介绍。

主程序主体代码如下:

```
1  from tornado.options import define, options
2  define("port", default=settings['port'], help="run on the given port", type=int)

3  if __name__ == '__main__':
4      app = tornado.web.Application(web_handlers, **settings)
5      tornado.options.parse_command_line()
6      http_server = tornado.httpserver.HTTPServer(app)
7      http_server.listen(options.port)
8      tornado.ioloop.IOLoop.instance().start()
```

在主程序中, 首先需要将 tornado.web.Application 实例化, 用于建立 Web 服务请求处理的集合。其中参数 web_handlers 是自行定义的一个 list, 实际上就是一个路由映射表, 将指定的 URL 规则和 handler 挂接起来, 根据客户端请求所访问的 URL, 通过查询路由映射表查找相应业务的 handler。因为本系统只需要处理来自微信公众平台的消息, 所以只有一个路由规则:

```
web_handlers = [
    (r'/wechat', WeChatHandler)
    ]
```

值得注意的是, 这里使用了 r'/wechat' 样式, 意味着 r' ' 中的符号都表示符号本身的含义, 而不会使用转义符, 主要是为了解决正则表达式和转移符 "\" 冲突的问题。

在 Application 类实例化后, 另一个类 HTTPServer 就可以引用其对象 app, 如第 6 行所示。HTTPServer 类其实就是一个非阻塞式的单线程 HTTP 服务器, 通常需要回调 Application 类的对象 app 才能够执行 HTTPServer, 另外还需要定义发送响应的端口,

3　融合强化学习和GAN的文本智能生成系统

如第1、2行所示。然后如第7行所示执行HTTPServer，建立单进程的HTTP服务器。最后如第8行所示调用IOLoop开启tornado事件循环，对请求进行监听，实现完整的Web服务框架。

3.4.2.4　WeChatHandler对象的实现

WeChatHandler类作为处理请求的核心类，在实例化时需要传入tornado.web.RequestHandler类，主要有3种方法：get（）、post（）、wx_proc_msg（）。

get（）方法主要用于处理微信公众平台验证服务器配置时所发出的GET请求，主要分为以下几个步骤：

（1）通过self.get_argument（）方法读取请求中所携带的signature、timestamp、nonce、echostr四个参数。

（2）调用check_signature（）方法对加密签名进行比对。check_signature（）方法根据第3.4.2.1节中提到的加密以及校验流程实现，这里不再赘述。如果验证通过，则调用self.write（）方法将请求中所携带的随机数echostr写入输出缓冲区，返回给客户端。

主要实现代码如下：

```python
def get(self):
    signature = self.get_argument('signature', 'default')
    timestamp = self.get_argument('timestamp', 'default')
    nonce = self.get_argument('nonce', 'default')
    echostr = self.get_argument('echostr', 'default')
    if signature != 'default' and timestamp != 'default' and nonce != 'default' and echostr != 'default' and check_signature(signature, timestamp, nonce):
        self.write(echostr)
    else:
        self.write('Not Open')

def check_signature(self, signature, timestamp, nonce):
    if not signature or not timestamp or not nonce:
        return False
    tmp_list = [self.conf.token, timestamp, nonce]
    tmp_list.sort()
    tmp_str = ''.join(tmp_list)
    if signature != hashlib.sha1(tmp_str.encode('utf-8')).hexdigest():
        return False
    return True
```

post（）方法的实现与get（）方法类似，首先需要校验消息是否来自微信公众平台。与get（）方法不同的是，在校验成功后不是直接将echostr值写入输出缓冲区，而是解析请求中所携带的信息，这里需要调用 self.request.body.decode（'utf-8'）对请求的内容进行解码，然后将解码的结果传入第三大方法 wx_proc_msg（）进行处理，最后将 wx_proc_msg（）返回的结果写入缓冲区，返回给微信公众平台。

wx_proc_msg（）方法主要实现以下功能：

（1）借助 Wechat-Python-sdk 工具包实例化后的对象 wechat 里的 parse_data（）方法，对传入的数据进行解析，parse_data（）方法将会解析微信服务器发送过来的数据并将结果保存到类中，随后即可通过 wechat.message 对象读取数据，包括发送方 OpenID、消息类型、消息内容等。如果传入的格式错误，则会触发 ParseError（）异常。

（2）判断消息内容，分别进行处理。前面提到本系统只针对微信公众平台传来的事件消息以及文本消息进行处理，暂不支持图片消息、语音消息等其他消息类型。而事件消息主要包括关注和取消关注两种，如果判断为关注事件，则回复介绍性的文本，用于帮助新用户了解本系统的功能，并且更新用户状态表（用户状态表将会在后面提到）；而如果判断为取消关注事件则无需进行操作。

（3）假如判断为文本消息，首先获取用户输入的文本内容，然后检查用户状态表。用户状态表为一个 Python 字典（dictionary），以用户的 OpenID 作为键（key），而其对应的值（value）也是一个 Python 字典，以 "state" 和 "last_time" 作为键分别存储用户当前的状态和最后回复时间。用户状态表在 WeChatHandler 类实例化时初始化。具体形式如下所示：

```
user_state = {
    "用户一的OpenID": {
        "state": 0
        "last_time": 1558181988.0654363
    },
    "用户二的OpenID": {
        "state": 1
        "last_time": 1558169455.1685436
    },
    "用户三的OpenID": {
        "state": 0
        "last_time": 1558180158.5448752
    },
}
```

目前系统支持的用户状态有两个，分别是"0"对应聊天模式，"1"对应古诗模式。而 last_time 存储的则是一个 UNIX 时间戳，用户状态在超过一定时间未更新后将状态置零。

消息处理的具体流程如图 3-7 所示。

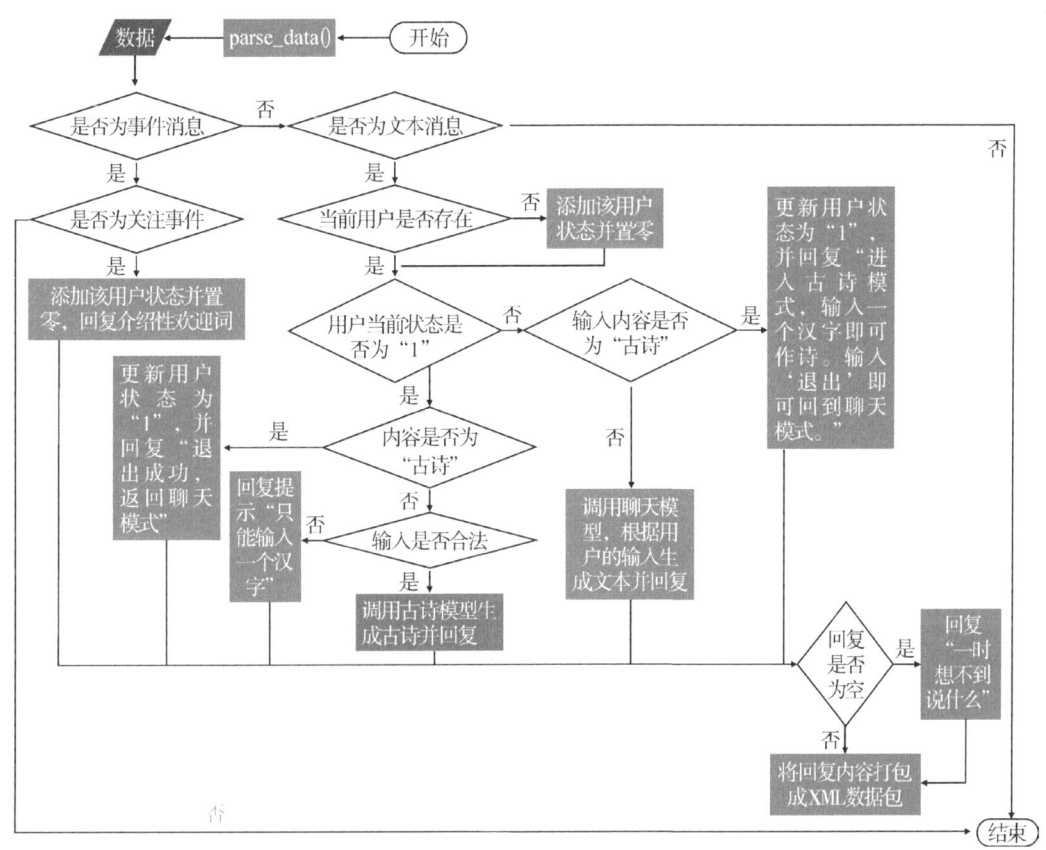

图 3-7 消息处理流程

若当前输入的用户没有在用户状态表中，首先将该用户存入状态表中，并将状态置零。

接下来再判断用户当前的状态。如果用户当前状态为"1"，即古诗模式，则检查用户输入的内容，如果输入的内容为"退出"，则将该用户状态置零，并回复"退出成功，回到聊天模式"的字样提醒用户；否则判断输入是否合法，即输入是否有且仅有一个汉字，如果是则调用古诗模型，将用户输入的单个汉字输入已训练好的古诗模型进行预测，并返回结果；否则回复"只能输入一个汉字"，提醒用户输入不合法。

如果用户当前状态为"0"，即聊天模式，首先判断用户输入的内容是否为"古诗"，即是否要进入古诗模式，如果是，则更新用户状态为"1"，然后回复"进入古诗模式，输入一个汉字就可以作诗。输入'退出'即回到聊天模式"字样向用户进行说明；否则调用聊天机器人模型，将用户输入的内容传入已训练好的聊天模型中进行预测。

最后判断回复的内容是否为空（由于系统会对模型生成的文本进行简单过滤，可能会出现回复内容为空的情况），如果是，则回复固定文本"我一时想不到说什么好"；

否则调用 wechat.response_text（）方法将回复的内容打包成微信公众平台所要求的 XML 格式返回给 post（）方法，从而将回复的内容发送给用户。

此外，WeChatHandler 类在实例化时还需要导入聊天模型和古诗模型对应的词库，以节省在调用模型的时候重新加载语料库的时间。

3.4.3 效果展示

首先需要打开微信，然后如图 3-8、图 3-9 所示关注 RobotK 公众号进入系统。

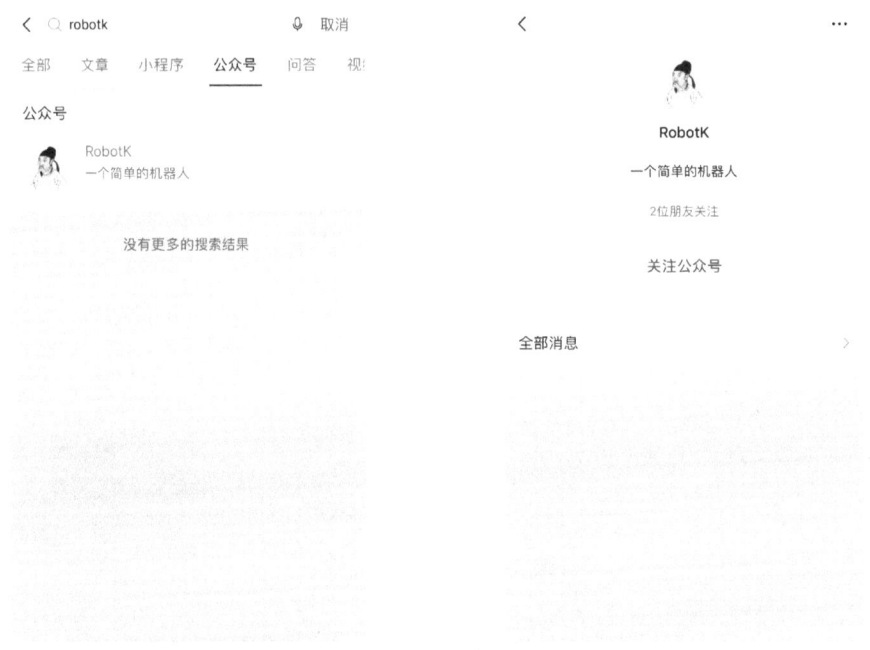

图 3-8　搜索公众号　　　　　　　　图 3-9　点击关注

如图 3-10 所示，在关注之后系统会提示输入"古诗"即可进入古诗模式，在进入古诗模式之后用户只能输入单个汉字，或者输入"退出"回到聊天模式，在输入单个汉字之后系统会自动生成一首五言绝句。如果输入非法，即输入多于一个汉字或非汉字字符，如图 3-11 所示，系统会提示只能输入一个汉字。

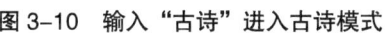

图 3-10 输入"古诗"进入古诗模式　　图 3-11 错误输入

如图 3-12 所示，在输入"退出"后系统提示退出成功，回到聊天模式，此时可以随意输入文字进行聊天。需要注意的是当前系统只支持中文输入，不支持英文输入。

图 3-12 输入"退出"回到聊天模式　　图 3-13 任意输入进行聊天

3.5 小结

本书针对大众期望能够与机器进行更为自然的人机交互的迫切需求,为此,机器需要能够生成足够贴近自然语言的文本,从而提出实现一种能够智能生成自然语言文本的神经网络模型,并将该模型应用于实际场景之中,以展示其能够达到的效果。

本章从引言开始,对实现文本智能生成技术的研究前景进行描绘,然后介绍了当前的文本生成模型(LSTM)和 GAN 的优点以及存在的不足,通过参考序列生成式对抗网络的实现,将强化学习方法与 GAN 相结合,从而实现一个效果更好的文本生成模型,并且通过多项评估指标对模型进行评价,显示出所实现模型的良好表现。在最后,通过使用已公开的训练集,即"小黄鸡语料库"和 17 000 首五言绝句,分别训练出聊天机器人模型和古诗模型,以应用于最后的效果展示之中。

另外,本章将后台服务器接入微信公众平台,把微信订阅号作为前端界面接收用户输入,并传送至后台服务器;对于后台服务器,本章使用 Tornado Web Server 框架对请求进行处理进行调用模型进行预测,从而实现一个作诗聊天机器人系统。

参考文献

[1] HOCHREITER S, SCHMIDHUBER J. Long Short-Term Memory[J]. Neural Computation, 1997, 9(8): 1735-1780.

[2] BENGIO S, VINYALS O, JAITLY N, et al. Scheduled Sampling forSequence Prediction with Recurrent Neural Networks[J]. MIT Press, 2015. In NIPS, 1171-1179.

[3] GOODFELLOW l, JEAN P-A, MIRZA M, et al. Generative Adversarial Networks[J]. Advances in NeuralInformation Processing Systems, 2014, 3: 2672-2680.

[4] YU L T, ZHANG W N, WANG J, et al. SeqGAN: Sequence GenerativeAdversarial Nets with Policy Gradient[J]. 2017. In AAAI. 2852-2858.

[5] FERENC H. How (not) to Train your Generative Model: Scheduled Sampling, Likelihood, Adversary?[J]. Computer Science, 2015.

[6] WILLIAMS, R J. Simple statistical gradient following algorithms for connectionistreinforcement learning. Machine learning[J]. 1992, 8(3-4): 229-256.

[7] SUTTON R S, MCALLESTER D, SINGH S, et al. Policy gradient 85methods for reinforcement learning with function approximation[J]. Submitted to Advances in NeuralInformation Processing Systems, 1999, 12.

[8] KIM Y. Convolutional Neural Networks for Sentence Classification[J]. Eprint Arxiv, 2014.

[9] YANN L C, BOTTOU L, BENGIO Y, et al. Gradient-based learning applied todocument recognition[J]. Proc. IEEE, 1998, 86(11): 2278-2324.

[10] ZHU Y M, LU S D, ZHENG L, et al. Texygen: A benchmarking platform for text generation models[C]. The 41st International ACM SIGIRConference on Research & Development in Information Retrieval. ACM, 2018: 1097-1100.

[11] GOODFELLOW I, BENGIO Y, COURVILLE A. 2016. Deep learning: The MIT Press[C]. 800 pp, ISBN: 0262035618.

[12] ZHANG X, LECUN Y. Text Understanding from Scratch[J]. Computer Science, 2015.

[13] SRIVASTAVA R K, GREFF K, SCHMIDHUBER J. Highway Networks[J]. ComputerScience, 2015. arXiv: 1505. 00387.

[14] 张一珂, 张鹏远, 颜永红. 基于对抗训练策略的语言模型数据增强技术[J]. 自动化学报, 2018, v.44(05): 126–135.

[15] 张莹莹. 生成对抗网络模型综述[J]. 电子设计工程, 2018, 26(5): 34–37.

[16] VOLODYMYR M, KORAY K, DAVID S, et al. Human-level control through deep reinforcement learning[J]. Nature, 2015, 518 (7540): 529–33.

4 基于 GAN 的智能图片生成器设计

4.1 引言

GAN 本身就是人工智能中将机器学习与计算机图形学相结合的一个生成式模型。

得益于模型中的对抗性思想，与其他生成模型相比，GAN 能够用一个相对更简单的模型，以更快的速度生成主观上更好的样本图像。虽然训练过程中 GAN 在可控性与收敛性上的表现不佳，但这些缺陷在 GAN 的不同衍生模型中都有相应的优化与改进。

智能图片生成器的设计与实现，一方面涵盖了当前流行的几个 GAN 的应用领域，有助于迅速了解、学习并掌握其原理技术，提供对其发展和优化改进的空间；另一方面提供一个使用的可扩展的图片生成工具，可以作为独立的功能模块添加到有相关需要的工程当中。

4.2 相关研究现状

4.2.1 GAN 的应用领域

GAN 自提出以来一直被广泛研究，其应用范围也在不断扩大。目前 GAN 的一些应用领域如下。

（1）图像和视觉领域：GAN 能够生成与真实数据分布一致的图像；可以用于生成自动驾驶场景。Twitter 公司的一个典型应用中，Ledig 等人提出将一个低分辨率的模糊图像通过 GAN 变换成细节度更高的高分辨率清晰图像。在这个例子里使用了 VGG 网络作为判别器，用参数化的残差网络作为生成器，实验生成的图片效果也非常理想；可以利用仿真图像和真实图像作为训练样本来实现人眼检测，一种由 Shrivastava 等人提出的 SimGAN 模型通过没有标签的真实图片对虚假图片的细节进行丰富，让整个合成图像更加真实，在这个模型里作者在 GAN 的基础上添加了一个总动正则化的步骤来最大化保存仿真图片的类别，还有一个修改时加入只用于局部的对抗损失函数，丰富局部图片的信息。

（2）其他领域：GAN 可以与强化学习相结合，如 SeqGAN；可以检测恶意代码，如 MalGAN；用 GAN 创造艺术等。Hu 等提出的 MalGAN 通过生成具有病毒性质的代码样本，与基于黑盒测试的传统方法相比大大提升了性能。

4.2.2 GAN 的优缺点

GAN 的优点有：

（1）与其他生成模型相比，GAN 被主观地认为可以产生更好的样本图像，样本会更清晰、更真实。

（2）GAN 产生样本的速度比完全明显的信念网络（NADE、WaveNet 等）要快。

（3）GAN 更简单，相比波兹曼机和 GSNs，模型只用到了反向传递，没有用上复杂的马尔科夫链。

（4）GAN 为生成式模型的发展提供了新思路，生成函数的设计限制很少，在 GAN 的一些应用场景中，比如风格迁移、图像超分辨率、图像不全、去噪等，只要有一个基准，加上判别器以后把生成交给对抗训练即可。

（5）对于高位数据，采用了神经网络结构的 GAN 没有限制生成维度，极大地提高了样本生成的范围。

（6）GAN 学习过程不需要标签的特性，使得 GAN 可以用于半监督学习中对模型的预训练过程。具体做法就是使用没有标签的数据训练出一个模型对数据分布的理解，再将这些理解带入一个由标签训练的判别器，这一过程常用于回归和分类任务。

GAN 同样有一些缺点：

（1）不收敛问题。由于博弈双方都是神经网络，如果没有达到纳什平衡（Nash equilibrium），生成器和判断器会一直学习调整自己的生成/判断策略。

（2）模式崩溃问题。由于绩效极大问题没有损失函数，无法确保训练的进展情况，可能会让神经网络发生退化，生成同样的样本点。

（3）GAN 只能一次产生所有的像素点。与玻尔兹曼机（Boltzmann machine）相比，GAN 无法根据一个像素值去猜测另一个像素值。

虽然 GAN 有着这些缺陷和不足。但其仍然对各个领域的发展提供了宝贵的思路。尤其是 GAN 的各个衍生模型，在解决了 GAN 滋生问题的同时也引入了更多优秀的特性，具有极高的研究价值和广阔的发展前景。

4.2.3 GAN 的发展方向与衍生模型

1. GAN 的发展方向

针对 GAN 自身的优势和缺陷，研究人员可以做出相应的优化改进，提高性能与收敛性等，也可以将 GAN 与其他领域相结合，构建更有针对性的生成模型。除了生成图像、自然语句，GAN 还可以与艺术、医疗等更多领域相结合。

对于 GAN 的几个缺陷的讨论引出的一个课题是对 GAN 收敛性和纳什均衡点存在性的推测。这个发展方向从解决 GAN 的缺陷角度出发，旨在提高模型的稳定性、收敛性等，提高最终数据生成的成功率。

另外一个发展的角度是从 GAN 模型自身的发展出发，如研究如何从简单的噪声输出中生成人类可以进行交互的数据；如与其他领域相结合，把强化学习、特征学习等技术的优势融入 GAN 模型，相互促进两个不同领域的发展。

总而言之，在 GAN 的发展过程中，研究人员不仅完善了 GAN 模型自身，还将目光投入了人工智能甚至是传统领域的各个方向。GAN 的不断优化与改进激发了更多相关领域的发展热潮。

4.2.4 本章研究内容

基于 GAN 的智能图片生成器设计共包含两大模块：

（1）理论研究部分，有对基础 GAN 框架的研究和使用与对 GAN 框架的两种衍生模型的理解和使用（DCGAN 和 SRGAN）。

（2）工程实践上，以几个不同的 GAN 框架为核心，与 Cocos2d（Python）的工程框架相结合，将 GAN 在图像生成方面的应用进行一次简单的整合。

4.3 相关技术介绍

4.3.1 DCGAN

深度卷积生成式对抗网络 DCGAN（deep convolutional generative adversarial networks）是基于 GAN 的一个衍生模型。其基础思想是将无监督学习 GAN 与监督学习中的卷积神经网络 CNN 相结合，在 GAN 模型结构的基础上引入一些改变，最重要的是把 GAN 的生成器和判别器换成两个卷积神经网络（CNN），并对卷积神经网络的结构做出一些改变，以提高样本的质量和收敛的速度。

和 GAN 相比，DCGAN 有以下特点：

（1）在判别器中使用 strided convolutions 来替代空间池化（pooling），而在生成器中使用反卷积层（deconvolutional layer）。

（2）除了生成器模型的输出层和判别器的输入层，在网络的其他层上都使用 Batch Normalization 以稳定学习，有助于处理初始化不了导致的训练问题。

（3）去除全连接层，而直接使用卷积层连接生成器和判别器的输入层和输出层。

（4）在生成器的输出层使用 Tanh 激活函数，而在其他层使用 RELU，在判别器上使用 leaky Relu，如图 4-1 所示。

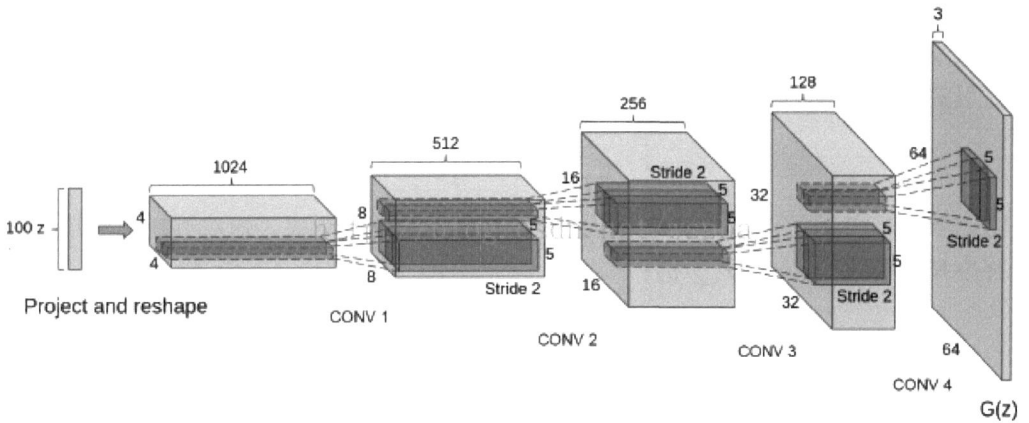

图 4-1　在 LSUN 实验上生成器的模型结构图

说明：从图 4-1 可以看到，生成器 G 将一个 100 维的噪声向量扩展成 64×64×3 的矩阵输出，整个过程采用微步卷积的方式。

4.3.2　SRGAN

单幅图像超分辨率生成式对抗网络 SRGAN（super-resolution generative adversarial networks）的工作与 GAN 类似。生成器网络 G 通过低分辨率的图像生成高分辨率的图像，由判别器网络 D 判断拿到的图像是由 G 网生成的，还是数据库中的原图像。当生成器网络能够成功骗过判别器 D 时，可以通过这个模型完成超分辨率图像复原。

I^{LR} 是高分辨率图像 I^{HR} 的低分辨率副本。高分辨率图像全部来自于数据库。I^{LR} 是对 I^{HR} 进行高斯滤波然后进行下采样得到的。其中下采样的系数是 r，也就是说，如果 I^{LR} 大小是 $W \times H \times C$（W 是宽度，H 是高度，C 是通道数），那么 I^{LR} 的大小就是 $rW \times rH \times rC$。

在 GAN 中，生成器网络与判别器网络之间是一场博弈游戏，SRGAN 中也同样是这样的博弈游戏，即如下公式：

$$\min_{\theta G} \max_{\theta D} E_{I^{HR} \sim p_{train}(I^{HR})} \left[\log D_{\theta_D}(I^{HR}) \right] + E_{I^{LR} \sim p_G(I^{LR})} \left[\log \left(1 - D_{\theta_D} \left(G_{\theta_G}(I^{LR}) \right) \right) \right] \quad (4-1)$$

判别网络希望能最大化判别出图片来自训练集还是生成网络生成的概率。生成网络则希望能尽可能欺骗判别网络。

SRGAN 最大的特点是提出了 perceptual loss 这样的一个损失函数，perceptual loss 也是在 MSE 的基础上进行建模。

perceptual loss 函数 l^{SR} 是内容损失（content loss）和对抗损失（adversarial lose）两者之和，公式如下：

$$l^{SR} = \underbrace{\underbrace{l_X^{SR}}_{\text{content loss}} + \underbrace{10^{-3} l_{\text{Gen}}^{SR}}_{\text{adversarial loss}}}_{\text{perceptual loss (for VGG based content loss)}} \tag{4-2}$$

基于像素的 MSEloss 是一种在图像超分辨率领域运用很广泛的一种损失函数，但在这里的效果并不太好，所以 SRGAN 中使用的是基于 VGG 的内容损失：

$$l_{\text{VGG}}^{SR} = \frac{1}{W_{i,j}H_{I,j}} \sum_{x=1}^{W_{i,j}} \sum_{y=1}^{H_{i,j}} \left(\varnothing_{i,j}\left(I^{HR}\right)_{x,y} - \varnothing_{i,j}\left(G_{\theta,G}\left(I^{LR}\right)\right)_{i,j} \right)^2 \tag{4-3}$$

内容损失表示为重构图像和参考图像特征表示的欧式距离。而对抗损失是基于训练样本在判别器上的概率定义的：

$$l_{\text{VGG}}^{SR} = \sum_{n=1}^{N} -\log D_{\theta_D}\left(G_{\theta_G}\left(I^{LR}\right)\right) \tag{4-4}$$

perceptual 的提出弥补了均方误差（MSE）造成的细节缺失。

4.3.3 Cocos2d

Cocos2d 是一个用于制作 2D 游戏、演示和其他图形/交互应用的基于 MIT 协议的开源框架，Cocos2d 也拥有几个主要版本，包括 Cocos2d-iPhone、Cocos2d-X 以及这个图片生成器中使用的 Cocos2d Python 版本。

Cocos2d Python 在以下几个领域简化了本项目的开发：

（1）流程控制：可以管理不同场景中的流程，清晰地展示图片生成过程器的操作流程。

（2）精灵、动作、效果和场景切换：可以快速简单地创造一个精灵（现实对象），具有极高的定制性，可以让精灵完成各种动作/组合动作；还为空间提供了诸多视觉效果，包括提供的场景切换的特效，满足了图片生成器的基本功能需求和一些扩展需求。

（3）菜单：用内建方法来创建菜单，极大地优化了图片生成器自定义控件的实现效果。

（4）内建的 Python 解释器：方便调试。

（5）基于 pyglet：没有额外的依赖，pyglet 和 Cocos2d Python 两个包相加大小不足 10M，简洁轻便又功能强大。

（6）基于 OpenGL：硬件计算能力尚可。

4.4 基于 GAN 的智能图片生成器分析与设计

4.4.1 需求分析

基于 GAN 的智能图片生成器设计这一想法的诞生，主要是考虑到了以下两点：

（1）虽然 GAN 算法已经逐渐得到了完善，针对不同领域有着针对性优化的衍生模型，但是仍没有一个统一的平台对这些算法和模型进行一次梳理归纳。

（2）GAN 衍生模型大都有着以对抗思想为基础的相似的底层架构，因此可以通过对接口的统一管理，将这些模型置于一个相同的框架之内。

这些想法促成了基于 GAN 的智能图片生成器的诞生，并且根据需求，基于 GAN 的智能图片生成器共包含两大功能：

（1）利用 GAN 算法及其衍生模型 DCGAN 由图像生成图像。

（2）利用 GAN 的衍生模型 SRGAN 对模糊图像进行清晰化处理。

如图 4-2 所示，对系统进行用例分析。参与者有用户和图片生成器系统。用户有 3 个用例：选择生成模式、输入可选参数和查看生成结果。系统接收用户输入，选择不同的生成模型开始不同的图片生成操作，GAN/DCGAN 用于批量生成图片，而 SRGAN 可用于单幅图像的超分辨率操作。生成结果通过文本和图像的形式展示给用户。

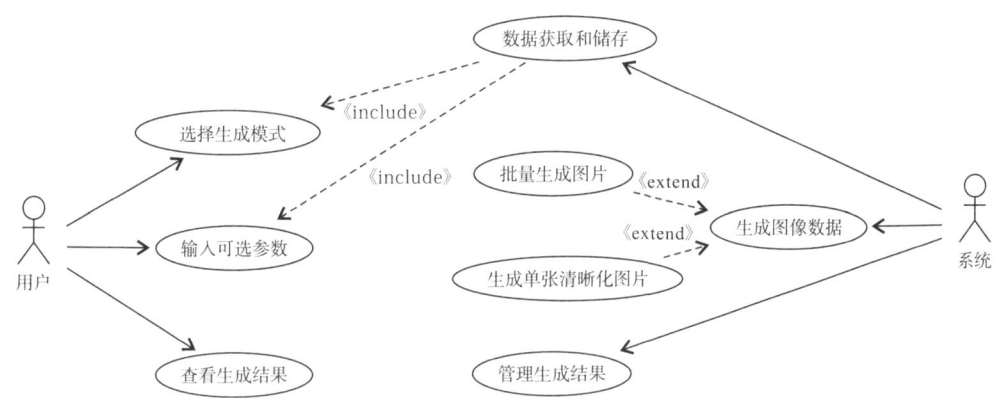

图 4-2　图片生成器用例分析

具体的用例分析如下：

（1）选择生成模式：用户有 3 个可点击按钮，分别代表一种图片生成模式，及对应 GAN/DCGAN/SRGAN 3 种不同的 GAN 及其衍生模型，选取后系统接收并储存该输入。

（2）输入可选参数：用户自行修改图像生成的流程暴露出的一些参数接口，可以通过文本输入或下拉框选择的方式填写，这些输入也将被系统接收和储存。

（3）生成图像数据：根据用户输入信息和默认参数，生成器选择对应的模型进行图片生成。

（4）管理生成结果：在图像生成的不同阶段生成的图片都会被储存，用户可以选择查看当前生成的图片；对抗生成过程迭代完成后，用户可以选择保留或删除现有图片。

智能图片生成器的设计与实现，一方面涵盖了当前流行的几个 GAN 的应用领域，有助于迅速了解、学习并掌握 GAN 的原理技术，提供对 GAN 发展和优化改进的空间；另一方面提供另一个实用的可扩展的图片生成工具，可以作为独立的功能模块添加到有相关需要的工程之中。这也要求系统的实现应考虑跨平台的一些特性。

4.4.2 系统架构设计

综合考虑了本项目的功能性需求和非功能性需求，智能图片生成器共包含 3 个主要模块：数据处理模块、图像生成模块和应用模块。

生成器整体架构采用了基于 Cocos2d Python 的框架。Cocos2d 本身适用于制作 2D 游戏和其他图形交互应用，在 Cocos2d Python 版本中，保留了引擎的核心模块。用不同场景（scene）可以简洁明了地区分图片生成器的不同输入输出阶段，也更容易进行针对性的扩展。导演模块（director）也起到了控制器的作用，直观控制整个生成流程。图 4-3 所示是基于 Cocos2d Python 的一个简单的架构图。图片生成器领域模型如图 4-4 所示。

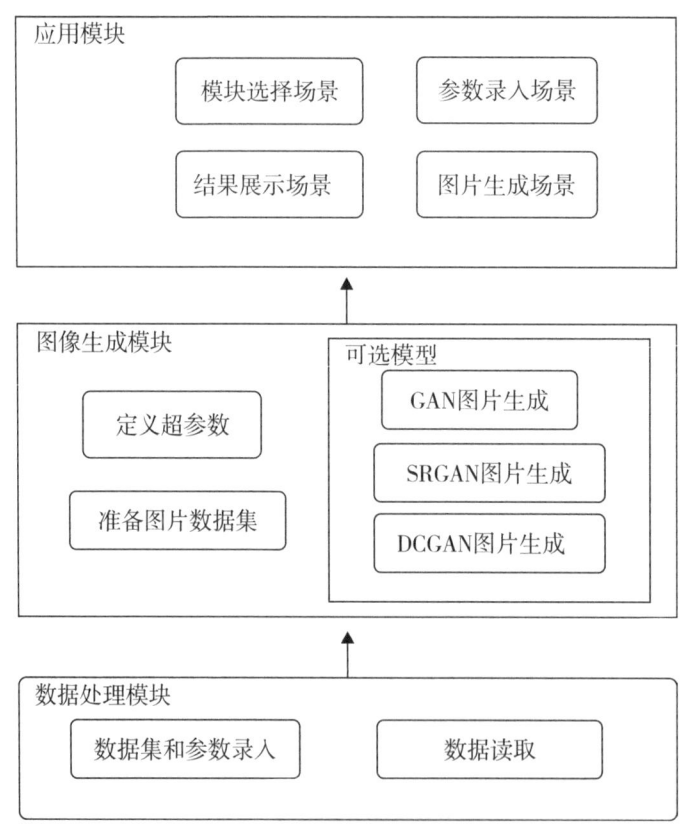

图 4-3　图片生成器整体架构图

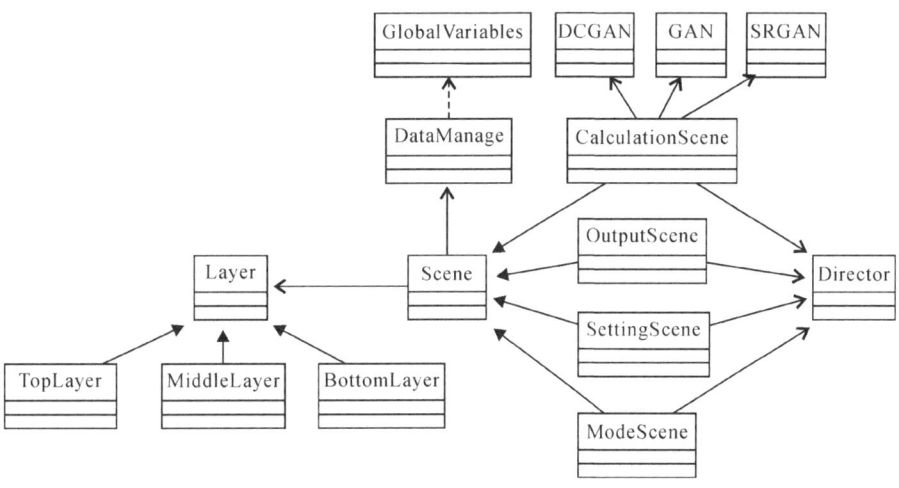

图 4-4 图片生成器领域模型

4.4.3 各模块介绍

1. 数据处理模块

使用 Cocos 的数据管理类将用户输入的参数以键值对的形式储存，用户使用的数据集和图片将引用其绝对路径。

2. 图像生成模块

图像生成模块是整个生成器最核心的模块，图像生成部分的流程图如图 4-5 所示。

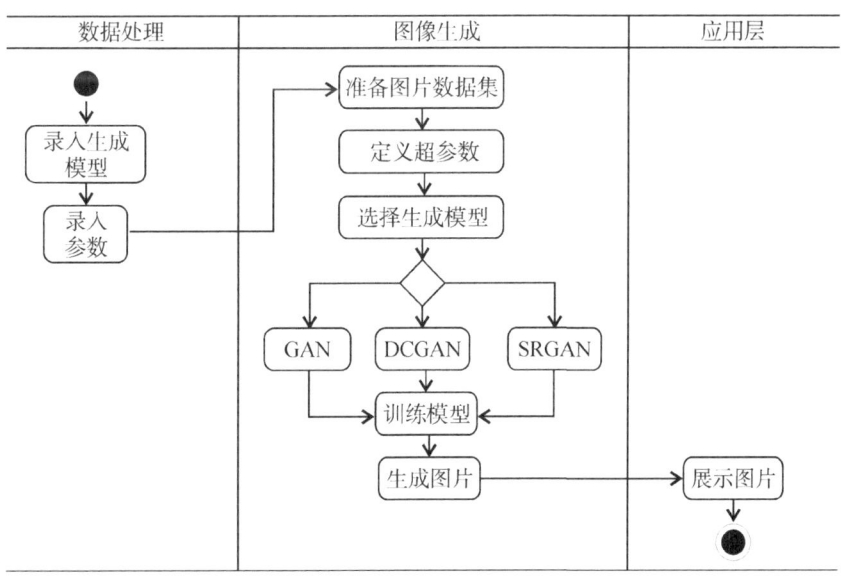

图 4-5 图像生成模块流程图

（1）首先准备图片数据集，对用户提供的图片和数据集 transform，其中有数值映射和数据归一化的操作，将传入数据的每个值变成 [−1, 1] 的数。

（2）接着定义超参数，将用户输入的可选参数与生成器中对应模型的默认参数结合。

（3）接下来套接各个图片生成模型不同的生成算法，定义各自的生成器、判别器、损失函数、激励函数、优化器等。

（4）最后训练模型，生成图片。

3. 应用模块

应用模块以 Cocos 的场景—层（scene-layer）架构为基础，共分了四个场景，其内部逻辑流程图如图 4-6 所示。

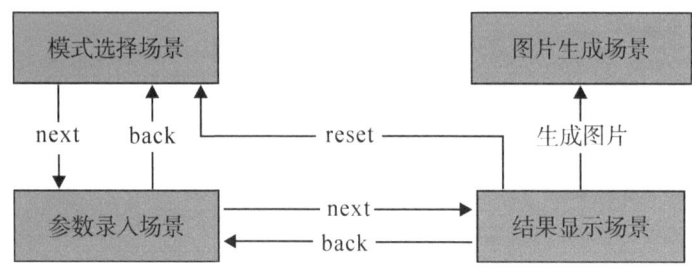

图 4-6　图片生成器场景内部切换逻辑

（1）模式选择场景：提供用户可选的三种图片生成模式的选项，第一次选择后才能进入下一个场景。

（2）参数录入场景：根据用户选择的不同的生成模式，场景中提供相应参数输入框。

（3）结果展示场景：图片生成过程的进度，生成器和判别器的损失等数据将以文字形式实时显示，阶段性生成的图片与训练结束后的最终样本都会从本地保存的数据里读出。

（4）图片生成场景：这是一个隐藏的场景，不向用户开放。

4.5　基于 GAN 的智能图片生成器实现

4.5.1　数据处理模块实现

对用户的不同输入做出不同响应。对于用户输入的生成模式类型及其对应参数，使用 Cocos 数据管理类进行储存和修改。对于用户输入的数据集和图片类型数据，使用 Cocos 文件管理类进行增删操作。

4.5.2 图像生成模块的实现

4.5.2.1 准备图片数据集

图片生成器应能够对传入不同大小的数据集做出不同响应，通过重采样图片来达到一个统一指定的大小。以 cifar10 数据集为参考，cifar10 数据集中的图片原始大小都是 32×32。整个数据集预处理需要使用 transforms.Compose（），把所有的变换操作组合。变换大致分为以下几步：

（1）Resize，对图片重采样，统一变换成指定大小的图片。
（2）CenterCrop，对给定的 PIL 图像进行中心裁剪。
（3）ToTensor，把 PIL 图像或者 numpy.ndarry 对象转换成 tensor，数据的取值范围由原图像的 [0，255] 统一成 [0，1] 上的值。
（4）Normalize（规范化），把图像范围转变为 [-1，1]，Normalize 的参数分别为平均值和标准差，要注意的一点是图像的 channel 数会影响这两个值的维度。

所有的数据集处理操作都不会直接影响输入的原始数据，操作会在 DataLoader 迭代时进行计算。

图片数据集准备的不同频率实现如图 4-7～图 4-9 所示。

```
# gan version
transform = transforms.Compose([
                    transforms.ToTensor(),
                    transforms.Normalize(mean=(0.5, 0.5, 0.5),
                                         std=(0.5, 0.5, 0.5))])
```

图 4-7 图片数据集准备的 GAN 版本实现

```
# dcgan version
transform=transforms.Compose([
    transforms.Resize(opt.imageSize),
    transforms.CenterCrop(opt.imageSize),
    transforms.ToTensor(),
    transforms.Normalize((0.5, 0.5, 0.5), (0.5, 0.5, 0.5))])
```

图 4-8 图片数据集准备的 DCGAN 版本实现

```
# srgan version
transform = transforms.Compose([transforms.RandomCrop(opt.imageSize*opt.upSampling),
                    transforms.ToTensor()])

normalize = transforms.Normalize(mean = [0.485, 0.456, 0.406],
                                 std = [0.229, 0.224, 0.225])

scale = transforms.Compose([transforms.ToPILImage(),
                    transforms.Scale(opt.imageSize),
                    transforms.ToTensor(),
                    transforms.Normalize(mean = [0.485, 0.456, 0.406],
                                         std = [0.229, 0.224, 0.225])
                    ])
```

图 4-9 图片数据集准备的 SRGAN 版本实现

4.5.2.2 定义超参数

从数据处理模块拿到储存的用户录入参数，覆盖默认参数。

4.5.2.3 GAN 算法实现

首先是使用 torch.nn.sequential 快速建立生成器（G）和判别器（D）的神经网络结构，使用 LeakyReLU 作为激励函数，其中生成器最后使用 Sigmoid 激励，而判别器使用一个简单的 Tanh 作为激励。

生成器和判别器的 loss function 都选择 BCELoss，这是二分类用的交叉熵，是一种计算误差的一种手段。并且这里都选择 Adam 作为优化器，优化器可以用于优化神经网络的参数，快速减少 loss。学习效率 lr 设为 0.0003。

在每次迭代中，对判别器和生成器的训练有些不同。

1. 判别器

首先分别计算使用真实图片和生成器生成的图片的 BCELoss。要注意的一点是，第一轮迭代时真实图片的 loss 应该为 0，而生成器生成图片的 loss 应该为 1。

接着进行反向传递（back propagation），给每个神经网络中的节点计算梯度，最后再用优化器来优化网络权重。每次训练前应当将神经网络中梯度归零。

2. 生成器

生成器与判别器训练的方式最大的不同在于 lose 的计算有些不同，生成器的 loss 不需要考虑计算真实图片。其他的步骤如反向传递和梯度优化都与判别器的操作类似。

由于基础 GAN 的收敛性一般，往往需要更多的 epoch 来提高图片的生成质量。这里除了输出训练结束时生成器生成的最终图片，选取训练过程中部分中间状的生成图像同样也会进行输出操作。

GAN 生成器和判别器训练步骤的实现如图 4-10 所示。

```
# Start training
for epoch in range(input_epoch):
    for i, (images, _) in enumerate(data_loader):
        # mini-batch dataset
        batch_size = images.size(0)
        images = to_var(images.view(batch_size, -1))

        # 1/0 label for BCE loss
        real_labels = to_var(torch.ones(batch_size))
        fake_labels = to_var(torch.zeros(batch_size))

        # train D
        outputs = D(images)
        d_loss_real = criterion(outputs, real_labels)
        real_score = outputs

        # Compute BCELoss using fake images
        z = to_var(torch.randn(batch_size, 64))
        fake_images = G(z)
        outputs = D(fake_images)
        d_loss_fake = criterion(outputs, fake_labels)
        fake_score = outputs

        # Backprop + Optimize
        d_loss = d_loss_real + d_loss_fake
        D.zero_grad()
        d_loss.backward()
        d_optimizer.step()

        # train G
        z = to_var(torch.randn(batch_size, 64))
        fake_images = G(z)
        outputs = D(fake_images)
        g_loss = criterion(outputs, real_labels)

        # Backprop + Optimize
        D.zero_grad()
        G.zero_grad()
        g_loss.backward()
        g_optimizer.step()
```

图 4-10 GAN 生成器和判别器的训练步骤

4.5.2.4 DCGAN 算法实现

DCGAN 与基础 GAN 的架构基础相近，不同之处已在第三章中详细说明，这里不再赘述。以下讨论 DCGAN 在实现时与基础 GAN 的不同之处。

（1）生成器（G）中使用了 5 个逆卷积层（torch.nn.ConvTranspose2d），把输入的噪声扩展成 64×64 的图片，卷积核的大小为 4×4。要注意的一点是其中的 stride，第一个逆卷积层的 stride 为 1，其余逆卷积层的 stride 都为 2（将 feature map 尺寸放大两倍），padding 可以通过公式计算出来。

（2）判断器（D）中使用了 4 个卷积层（torch.nn.Conv2d），接受一张 64×64 的图片输入。

（3）对判别器的训练，首先判别器接收到 batch_size 数量的真实数据样本，之后与基础 GAN 相似进行反向传递，神经网络权重优化。接着让生成器根据生成 batch_size 数量的虚假数据样本，判别器再次接收这些样本，反向传递，权重优化。要注意的一个细节是，会先对输入判别器的由生成器产生的虚假数据使用 detach（）方法，这个方法的用途是，训练判别器时让生成器保持冻结状态。

训练过程与 GAN 基本一致，不同之处在于生成器和判断器的定义，这里展示出生成器的神经网络构造，图 4-11 所示为 DCGAN 生成器的搭建过程。

图 4-11 DCGAN 生成器网络搭建

4.5.2.5 SRGAN 算法实现

SRGAN 实现时，首先是对生成网络和判别网络的调整。在生成网络中，使用分布相同的 B 残差块，每个残差块都有两个卷积层，卷积层后面加上 batch-normalization，激活函数使用 PreLU。在卷积层里，卷积核都是 3×3 的。在生成网络中，笔者通过训练两个子像素卷积层来提高分辨率。

SRGAN 另外的特点就是使用独创的 perceptual loss 损失函数，下面展示算法生成器和损失函数的实现部分代码，分别如图 4-12、图 4-13 所示。

```
discriminator_loss = adversarial_criterion(discriminator(high_res_real), target_real) + \
                     adversarial_criterion(discriminator(Variable(high_res_fake.data)), target_fake)
```

图 4-12　SRGAN 的 perceptual loss

```
class Generator(nn.Module):
    def __init__(self, n_residual_blocks, upsample_factor):
        super(Generator, self).__init__()
        self.n_residual_blocks = n_residual_blocks
        self.upsample_factor = upsample_factor

        self.conv1 = nn.Conv2d(3, 64, 9, stride=1, padding=4)

        for i in range(self.n_residual_blocks):
            self.add_module('residual_block' + str(i+1), residualBlock())

        self.conv2 = nn.Conv2d(64, 64, 3, stride=1, padding=1)
        self.bn2 = nn.BatchNorm2d(64)

        for i in range(self.upsample_factor/2):
            self.add_module('upsample' + str(i+1), upsampleBlock(64, 256))

        self.conv3 = nn.Conv2d(64, 3, 9, stride=1, padding=4)

    def forward(self, x):
        x = swish(self.conv1(x))

        y = x.clone()
        for i in range(self.n_residual_blocks):
            y = self.__getattr__('residual_block' + str(i+1))(y)

        x = self.bn2(self.conv2(y)) + x

        for i in range(self.upsample_factor/2):
            x = self.__getattr__('upsample' + str(i+1))(x)

        return self.conv3(x)
```

图 4-13　SRGAN 的生成器网络搭建

4.5.3　应用模块实现

应用模块使用 scene-layer 的架构，四个独立场景分别都继承自 Cocos 中的 Scene 基类，每个场景内部通过不同的 layer 实现不同的功能。场景内嵌的 layer 共三类，分别是菜单层、输入输出层和控制按钮层。这三类层继承自 Cocos 中的 Menu 菜单类，场景内层的详细分布如图 4-14 所示。

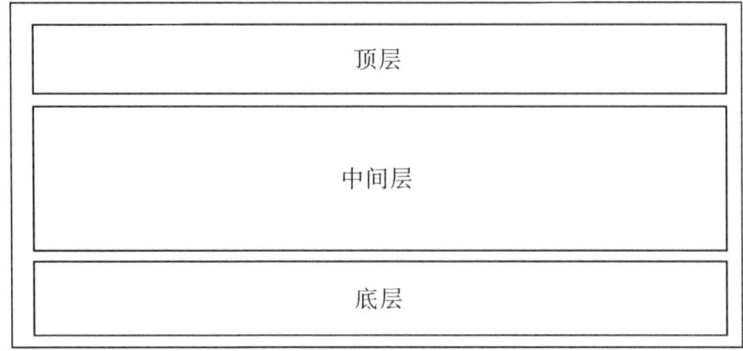

场景内层

图 4-14　场景内层的分布图

针对不同的场景，其内部的 layer 应当做出不同的调整，选择不同的子控件进行展示。

4.5.3.1 四个独立场景实现

1. 模式选择场景

模式选择场景是整个图片生成器的入口场景，这里会提供用户一些关于图片生成器基本功能的文字描述。在该场景内可以选择生成图片的模式，并配有对应的模式说明。如图 4-15 所示，模式选择场景的三个内嵌层分别有以下内容：菜单层显示图片生成器的基本信息；输入输出层提供三个模式选项和简单说明性描述；控制按钮层的两个按钮决定了向下一个场景切换还是退出图片生成器。

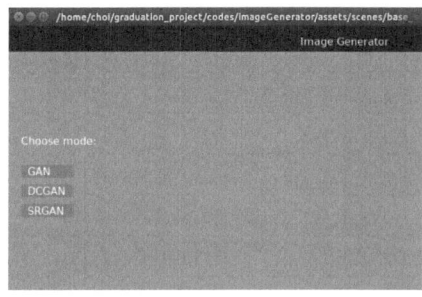

图 4-15　模式选择场景

2. 参数录入场景

参数录入场景在场景栈中紧跟在模式选择场景之后，如图 4-16 所示，这一个场景需要用户针对之前选择的模式，提供合适的数据集和生成过程需要用到的几个关键参数。

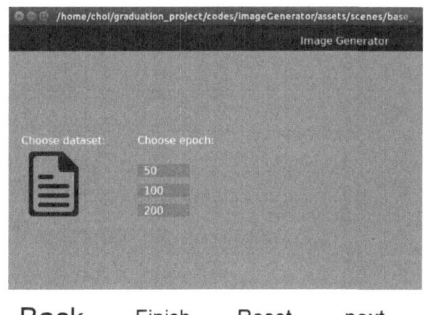

图 4-16　参数录入场景

参数录入场景的三个内嵌层内容如下：菜单层显示在模式选择场景中选择的生成模式；输入输出层提供几个选择，一是选择数据集或者图片，二是填写指定参数；控制按钮层的按钮齐全。

3. 结果显示场景

结果显示场景是图片生成器中用于展示生成效果的场景，在图片没有正式开始生成前，及图片生成场景没有压栈前，该场景位于场景栈的最上方。在这个场景里用户可以手动开始生成图片。场景内还有对用户已选择设定内容的文字描述。

结果显示场景的三个内嵌层分别有以下内容：菜单层显示图片生成器的基本信息；输入输出层分为两部分，①文字描述部分列举之前所有的选项内容，②图片生成部分包括一个开关和生成图片展示区域；控制按钮层不含有向下一场景切换的 item。

4. 图片生成场景

图片生成场景是一个隐藏场景，该场景暂未提供任何 UI 控件，场景内部维持了图片生成模块运转的循环，并不断检测生成进度，将生成的图片数据和模型训练事实状态存入文件。后续场景图片生成器扩展时，可以在这个场景可视化图片生成的每个阶段。

4.5.3.2 内嵌层实现

1. 菜单层（top layer）

菜单层是一个信息展示层，位于每个场景的最上方，用于显示图片生成器信息或者一些用户已录入信息，该层内部只需要几个简单的 Cocos label 控件显示描述信息。

2. 输入输出层（middle layer）

输入输出层相对比较复杂，该层占据整个场景中最大的面积。输入输出层内部可以添加各种方便用户输入的小工具类实例，如文本输入、下拉框选择、单选按钮等。对于不同的场景，输入输出层需要做出异构调整，比如参数录入场景需要一个独有的文件选择工具，而结果显示场景就需要一个独有的图片显示工具以从文件系统中实时获得已生成的图片。

3. 控制按钮层（bottom layer）

控制按钮层是通过 Cocos Menu 和 MenuItem 两个类实现的，完整的按钮层共有四个选项：back，next，finish，reset。这四个按钮分别表示：back，绘制目前下标场景在场景栈下方的一个场景；next，绘制目前下标的场景在场景栈上方的一个场景；finish，结束所有流程，关闭图片生成器；reset，重置所有的用户配置信息，回到作为入口的模式选择场景。

4.5.3.3 场景切换流程

四个场景内部具有一定的逻辑。如，在模式场景内完成模式选择前不开放参数录入场景；图片生成过程中 reset 所有数据应返回最初的模式选择场景。为了方便生成和修改场景内容，使用一个全局的场景栈来储存已生成的场景，如图 4-17 所示。

最初入栈的是模式选择场景，通过用户交互依次向栈

3 图片生成场景
2 结果显示场景
1 参数录入场景
0 模式选择场景

图 4-17　场景栈图

内 push 入新的场景。新场景入栈的同时，Director 导演类控制在屏幕绘制需要展示的场景。在结果显示场景中选择开始生成后会将一个隐藏的图片生成场景入栈，结束生成时这一场景自动出栈。

4.6 实验及结果分析

本章对基于 GAN 的图片生成器进行相关的实验设计和评估。实验使用的数据库是 MINIST 和 cifar10 两个公开数据库，主要的实验内容如下：

（1）选择不同的图片生成模式，填写不同的关键参数，对不同数据集下的图片生成效果进行评估。

（2）对图片生成器各个场景的切换流程和不同控件的功能完成情况进行测试评估。

4.6.1. 实验环境

项目：基于 GAN 的图片生成器
CPU：4×2.8GHz
内存：8GB
硬盘：250GB SSD
操作系统：ubuntu 16.04 LTS
图形处理器：GeForce GTX 850M
Python 版本：3.6.4
Pytorch 版本：0.4.0
CUDA 版本：8.0

4.6.2 实验数据集

本实验使用了两个数据集来验证和评估 GAN 及其衍生模型的图片生成效果，两个数据集分别是 MNIST 和 CIFAR-10。

（1）MNIST：MNIST 数据集来自美国国家标准与技术研究所，是一个计算机视觉数据集。数据集内共有 70 000 张手写数字的灰度图片，图片大小为 28×28。数据集可以被分为 60 000 行的训练数据集和 10 000 行的测试数据集。

（2）CIFAR-10：CIFAR-10 数据集由 Alex Krizhevsky、Vinod Nair 和 Geoffrey Hinton 收集而来，数据集内有 60 000 个 $32 \times 32 \times 3$ 的彩色图像，其中 50 000 张训练图片，10 000 张测试图片。CIFAR-10 中的图片分为 10 个类：airplane, automobile, bird, cat，deer，dog，frog，horse，ship，truck。这些分类之间相互排斥，比如 automobile 和 truck 之间就没有任何重叠。

4.6.3 实验设计

（1）针对不同图片生成模式下图片生成效果的实验设计，对 GAN 使用 MNIST 数据集进行图片生成测试，对图片生成过程中不同 epoch 下的图片质量做比较。对 DCGAN 使用 cifar10 数据集进行图片生成测试。要注意的一点是，GAN 的图片生成效果与其他生成器相比更好，这一点评估时带有很大的主观成分。

（2）对生成器已实现部分的功能性测试实验设计，利用软件测试的基本方法对系统进行白盒测试和黑盒测试。

4.6.4 实验结果与分析

（1）对 GAN 使用的 MNIST 数据集进行图片生成测试，MNIST 数据集下的 GAN 在不同 epoch 的生成结果如图 4-18～图 4-21 所示。

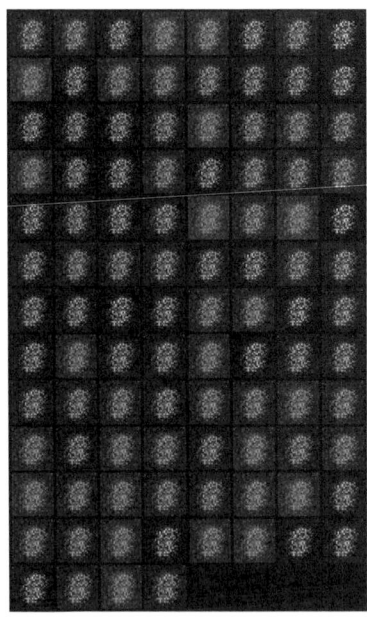

图 4-18　epoch=1 时生成结果

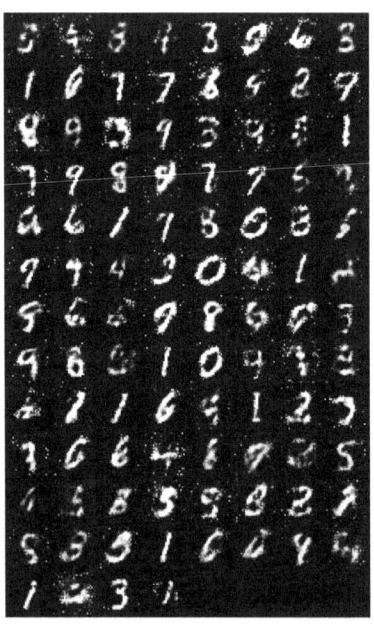

图 4-19　epoch=50 时生成结果

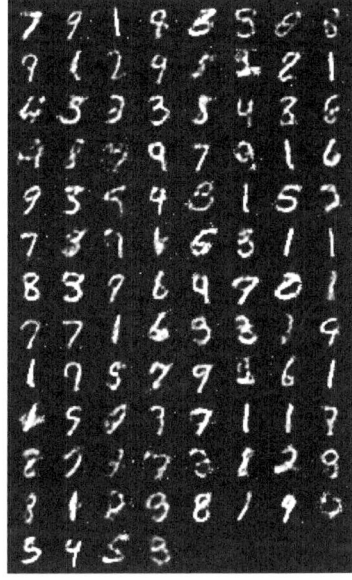

图 4-20 epoch=100 时生成结果

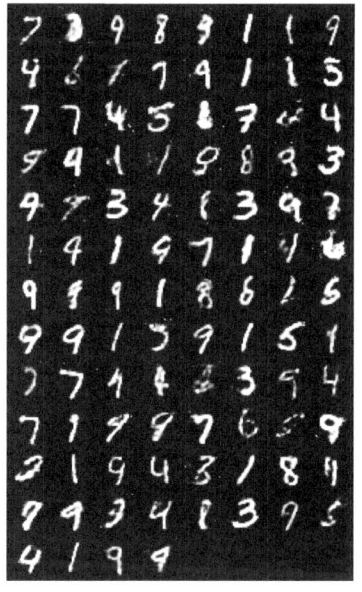

图 4-21 epoch=200 时生成结果

（2）对 DCGAN 使用 cifar10 数据集进行测试，不同 epoch 的生成结果如图 4-22～图 4-24 所示。

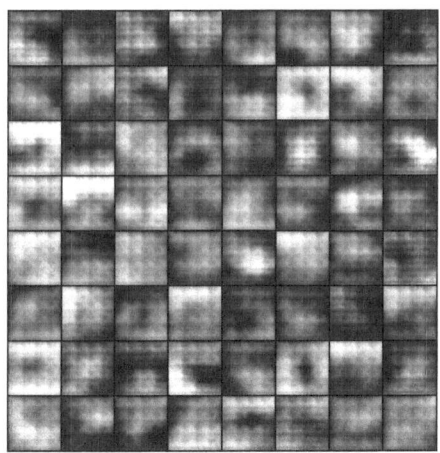

图 4-22 epoch=1 时生成结果

图 4-23 epoch=10 时生成结果

图 4-24　epoch=20 时生成结果

可以观察到 DCGAN 第 10 个 epoch 就已经能产生较清晰锐利的图片。比较生成效果接近的图片，可以发现 DCGAN 比 GAN 的收敛速度更快。DCGAN 可以用更少的训练次数生成效果更好的图片。

4.7　小结

本章完整地描述了基于 Spark 的 LSTM 智能分类算法的分析设计以及最后的实现过程，并且还进行了简单的优化，使得算法模型更快速。实验是使用 Python 编写，并且使用 pyspark 将任务提交到 Spark 平台。设计的主要研究目的是如何快速使用 LSTM 对数据进行模型训练，相对于传统的 MapReduce，使用 Spark 可以明显加快模型训练的速度，更适应如今数据量巨大的场景运用。

参考文献

[1] GOODFELLOW I, JEAN P-A, MIRZA M, et al. Generative Adversarial Nets [J]. In: Proceedings of the 2014 Conference on Advances in Neural Information Processing Systems 27. Montreal, Canada: Curran Associates, Inc., 2014, 2672–2680.

[2] WANG K-F, CHAO G, DUAN Y-J, et al. Generative adversarial networks: The state of the art and beyond [J]. In: Acta Automatica Sinica, 2017, 43 (3), 321–332.

[3] LEDIG C, THEIS L, HUSZAR F, et al. Photo-realistic single image super-resolution using a generative

adversarial network[J]. IEEE Computer Society, 2016. arXiv preprint arXiv: 1609. 04802, 2016.
［4］ SHRIVASTAVA A, PFISTER T, TUZEL O, et al. Learning from simulated and unsupervised images through adversarial training［C］. In: 2017 IEEE Conference on Computer Vision and Pattern Recognition (CVPR) IEEE, 2017. arXiv: 1612. 07828
［5］ ZHANG Y, GAN Z, CARIN L. Generating text via adversarial training. In: Proceedings of the 2016 Conference on Advances in Neural Information Processing Systems 29. CurranAssociates, Inc. , 2016.
［6］ REED S, AKATA Z, YAN X C, et al. Generative adversarial text to image synthesis［J］. In: Proceedings of the 33rd International Conference on Machine Learning. New York, NY, USA: ICML, 2016.
［7］ YU L T, ZHANG W N, WANG J, et al. SeqGAN: Sequence generative adversarial nets with policy gradient ［J］. arXiv preprint arXiv: 1609. 05473, 2016.
［8］ HU W W, TAN Y. Generating adversarial malware examples for black-box attacks based on GAN［J］. arXiv preprint arXiv: 1702. 05983, 2017.
［9］ GOODFELLOW I. NIPS 2016 tutorial: Generative adversarial networks［J］. arXiv preprint arXiv: 1701. 00160, 2016.
［10］ RADFORD A, METZ L, CHINTALA S. Unsupervised representation learning with deep convolutional generative adversarial networks［J］. arXiv preprint arXiv: 1511. 06434
［11］ ELGAMMAL A, LIU B C, ELHOSEINY M, et al. CAN: Creative adversarial networks, generating "Art" by learning about styles and deviating from style norms［J］. arXiv preprint arXiv: 1701. 00160
［12］ CRESWELL A, WHITE T, DUMOULIN V, et al. Generative adversarial networks: An overview［J］. In: IEEE Signal Processing Magazine, 2017, 35(1): 53-65. arXiv preprint arXiv: 1710. 07035v1
［13］ ARJOVSKY M, CHINTALA S, BOTTOU L. Wasserstein GAN［J］. arXiv: 1701. 07875
［14］ MIRZA M, OSINDERO S. Conditional Generative Adversarial Nets［J］. In: Computer Science, 2014: 2672-2680. arXiv: 1411. 1784
［15］ CHEN X, DUAN Y, HOUTHOOFT R, et al. InfoGAN: Interpretable Representation Learning by Information Maximizing Generative Adversarial Nets［J］. In: Neural Information Processing Systems (NIPS), 2016. arXiv: 1606. 03657
［16］ 赵晨阳. 机器学习综述［J］. 数字通信世界, 2018 (1): 117, 120.
［17］ 傅迎华, 付东翔, 柳樾. 机器学习中的生成式模型和判别式模型比较［J］. 决策论坛——区域发展与公共政策研究学术研讨会, 2016.

5 基于迁移学习和 GAN 的 Googleplay 评价分析系统

  Googleplay 是 Google 公司为 Android 设备开发的数字化应用程序发布平台和数字媒体商店。作为 Android 设备的官方应用商店，允许用户通过其免费或付费购买应用程序或数字媒体商品，用户在使用应用程序或下载数字媒体内容之后也可以对其作出评价。截至 2017 年 2 月，Googleplay 商店可下载的应用数目已超过 270 万，而下载次数也早已在 2013 年 8 月突破 500 亿次，与下载次数相应的用户评价数目也随之不断增长。随着人们日益增长的精神生活需求，应用程序和数字媒体商店越来越多，单单是社交类软件的"专门为您推荐"就有多达 80 款社交软件，而对应用程序的用户评价更是成千上万。面对如此庞大的数据，用户很难在使用之前马上判断一款应用程序是否达到了预期功能，或者在同一类软件中哪一款应用程序评价更高。

  评价分析系统基于情感分析这一技术，通过对一段已知评价的两极性进行分类，判断该评价中所表述的观点是积极的抑或是消极的情绪。已有的情感分析途径大致可以分为四类：利用文本中出现的定义清楚的影响词（如"good""bad"等）的关键词识别、给词汇赋予和某项情绪相关的相关值的词汇关联、通过调控机器学习方法中的元素的统计方法和权衡了知识表达元素以及语法之间关联性的概念级技术。本章的评价分析系统采用统计方法对文本进行情感分析，通过对评价数据集中词频和分布的统计训练模型，并使用该模型对输入系统的评价数据进行分类预测，返回评价属于积极/消极的分析结果。评价分析系统准确的情感判断，可以解决以下两个问题：①评价较长且评价语言非母语时准确判断评价情感，降低用户寻找情感相关关键字的时间；②评价较多时，准确绘制积极评价与消极评价的比例图。

  在大数据环境下，评价分析系统可能需要处理海量的数据。面对规模庞大的评价数据，评价分析系统在评价分析过程中如何在很短的时间批量处理评价数据？如何做到在海量数据上更快、更准确地得到分析结果？可见，评价系统需要具备同时处理大规模数据的技术。基于 DistBelief 研发的 TensorFlow 人工智能学习系统，可以基于 GPU 运算，大大提高运行效率，使其具有超强的大数据处理能力，并且支持 LSTM、GRU 等深度神经网络模型使用 TensorFlow。鉴于这一特征，本章使用 TensorFlow 这一软件库作为计算方法。

5.1 相关技术介绍

5.1.1 迁移学习研究现状

迁移学习是一个新兴领域，其基本思想为实现源领域知识到目标领域的迁移，以减少数据标注工作或避免新模型从零开始训练学习。目前国内外都在探索和研究。

在算法研究方面，迁移学习主要划分为以下几种技术：①半监督学习：学习算法在学习过程中无需人工干预，基于自身对无标签数据进行利用。②基于特征选择：利用源领域与目标领域中共有的特征表示进行知识迁移。③基于特征映射：将各个领域的数据从原始高维特征空间映射到低维特征空间，使它们有相同的数据分布，然后利用低维度特征空间表示的源领域样本训练分类器，根据特定任务进行分类。④基于权重：根据训练样本和测试样本的相似度分配源领域样本的采集权重。

根据源领域和目标领域数据是否标注以及是否为相同任务来划分，可以将迁移学习分为三类：①无监督学习，源领域和目标领域数据都没有标签样本。②直推式迁移学习，只有源领域数据有标签样本。③归纳式迁移学习，目标领域中有少量标签样本。

迁移学习主要应用于定位估计、分类和聚类、人工智能等方面。虽然迁移学习在研究上有进展，应用领域比较广泛，但在大数据时代下，现有算法并不能满足需求。目前迁移学习的研究主要集中于高效算法的设计，以顺应大数据浪潮。

5.1.2 基于生成式对抗网络的迁移学习

基于特征映射的迁移学习的基本思路在于把源领域数据和目标领域数据映射到同一特征空间上，在该空间上源领域数据和目标领域数据拥有相同的特征表示，因此可以使用映射空间中带有标注的源领域数据训练分类器对映射空间中没有标注的目标领域数据进行预测分类。而生成式对抗网络目的则是通过生成器和判别器的对抗训练，最终通过生成器生成以假乱真的数据，即和目标领域具有相同分布的数据，此时可以认为生成的数据和目标领域数据在同一特征空间中。因此，本章采用生成式对抗网络这一技术作为迁移学习策略。流程如图 5-1 所示。

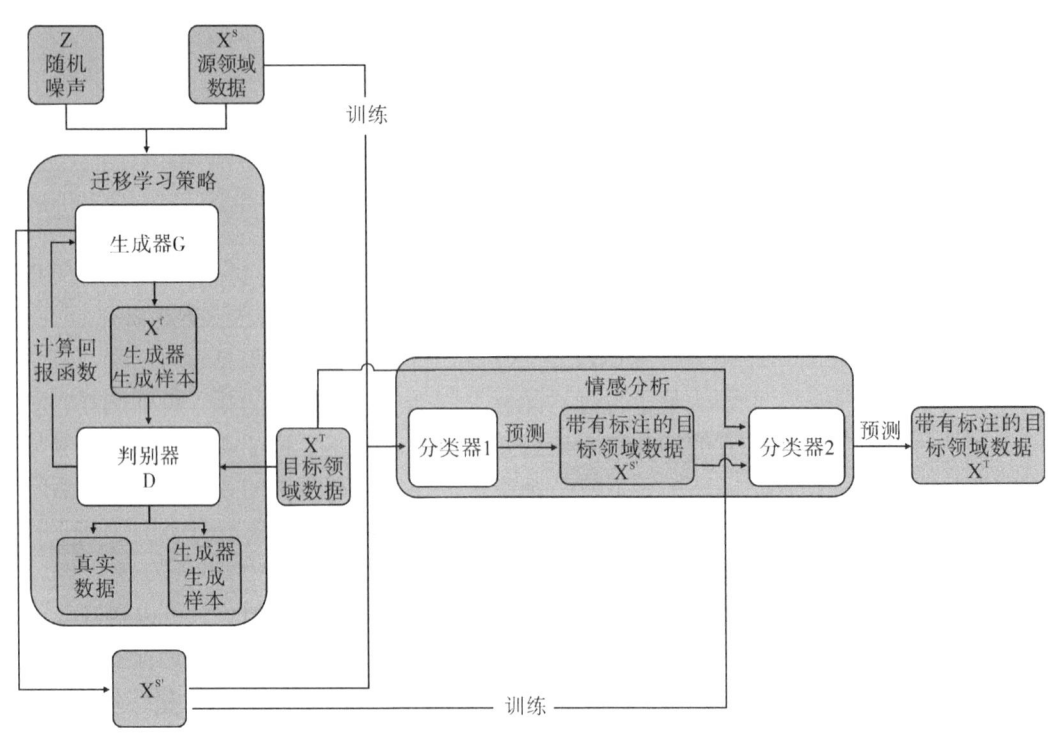

图 5-1 迁移学习框架

源领域数据、随机噪声作为生成器 G 的输入，通过源领域数据和随机噪声初始化生成器并使用极大似然估计方法（maximum likelihood estimation，MLE）预训练生成器，用于生成负样本（正样本表示数据来源于真实数据，负样本表示数据为生成器所生成的数据）。步骤如下：

（1）使用图 5-1 中生成器生成样本作为负样本，目标领域数据作为正样本，作为判别器 D 的输入，通过最小化交叉熵的方式预训练判别器。

（2）固定判别器，使用生成器生成样本，并根据判别器计算回报函数，调整生成器。

（3）固定生成器，使用生成器生成样本，并将真实数据与之比较，训练判别器。

重复步骤（2）和（3），直到生成式对抗网络收敛。此时生成器生成的样本可以视为同目标领域数据在同一特征空间中，即带有标注的"目标领域"数据。

使用生成器所生成的数据作为分类器的训练样本，训练分类器，对目标领域数据进行分类预测。

GAN 在迁移学习领域也得到应用，Bousmalis 等提出基于 GAN 在图像上进行迁移学习。文中将渲染图像和真实图像作为两个领域，通过 GAN 修正渲染图像，使得渲染图像与真实图像相似。目前，GAN 在迁移学习领域的应用较少，正处于探索和研究的阶段。

5.1.3 GRU 神经网络

在自然语言处理中，经常会用到循环神经网络（recurrent neural networks，RNN），但是 RNN 存在序列较长时训练过程中可能出现梯度消失的问题，因此提出了长短时记忆网络（long short-term memory，LSTM），在此之上提出了 LSTM 的变体——循环门单元（gated recurrent unit，GRU），较之 LSTM，GRU 既保持了 LSTM 的效果，在结构上也变得更加简单。

GRU 模型由两个门组成：更新门 z 和重置门 r，如图 5-2 所示。

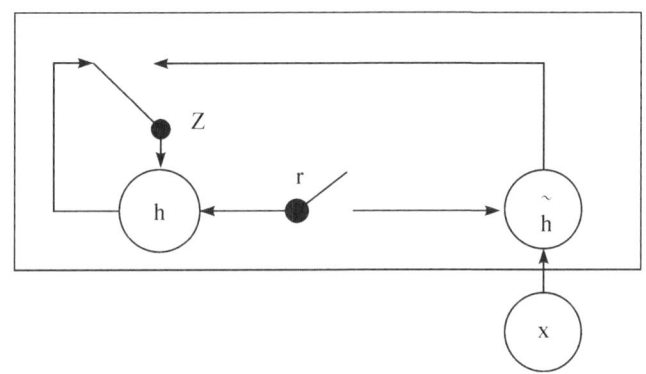

图 5-2　循环门单元

重置门 r 控制前一隐状态 h_{t-1} 是否保留，并同当前输入的词汇 x 计算得出当前状态的候选隐藏层 h_t。当 r 打开时，h_t 仅由 x 计算得出，即当前候选隐状态与前一状态的隐藏层无关。

更新门 z 控制前一隐状态的遗忘程度，以及当前状态候选隐状态的保留程度，通过以下公式计算得出当前的隐状态

$$h_t = (1-z)h_{t-1} + zh_t \tag{5-1}$$

由式（5-1）可知，当 z=0，即 z 开关左边闭合时，当前隐状态为上一隐状态；当 z=1，即 z 开关右边闭合时，当前隐状态选择为当前候选隐状态。

基于 GRU 在文本处理上的能力和较之 LSTM 更为简单的结构这两个优点，本课题选用 GRU 神经网络作为分类器的模型。

分类器由五层网络构成，如图 5-3 所示。

图 5-3　分类器的构成

（1）重构层：将输入向量转换为指定大小的 shape。

（2）GRU 层：循环门单元组成的神经网络层，在本课题中使用 sigmoid 作为该层初始激活函数，使用 hard_sigmoid 作为单元内激活函数。

（3）全连接层：将输入矩阵和权值矩阵的矩阵乘法结果加上偏置向量后作为本层激活函数的输入，即：

$$\text{output}=\text{activation}(\text{input}\cdot\omega+b) \quad (5-2)$$

式中，ω 为权值矩阵。

（4）随机丢弃层：训练过程中更新参数时，随机断开给定百分比的神经结点，防止训练出现过拟合的情况。

（5）激活层：对上一层的输出施加激活函数，本课题中使用 sigmoid 作为该层的激活函数。

5.1.4 网络爬虫

网络爬虫是按照一定的规则自动浏览万维网的网络机器人，其目的一般是自动获取万维网的信息。传统的爬虫从一个或一组初始网页的 URL 开始，获得初始网页上的内容并解析出新的 URL 放入队列尾部，每次从队列头部取出 URL 进行爬取，直到队列为空或满足特定的条件。

反爬虫是指通过技术手段识别爬虫，并阻止爬虫程序从万维网自动获取信息。常见的反爬虫有：识别 Headers 的 User-Agent 的反爬虫，基于用户行为的反爬虫以及动态页面反爬虫。Googleplay 的应用详情以及应用评价的页面则是采用动态页面的反爬虫方式。

因此，采用传统的爬虫方式爬取 Googleplay 网站，即通过下载网页源代码后解析网页内容，过滤出所需要的信息，存在以下两个困难：

（1）Googleplay 网站动态页面是在加载时执行 js 脚本添加页面元素，使用传统爬虫下载网页源码的方式只能获取到页面 js 代码。

（2）评论列表过长时，页面需要进行多次请求，以加载更多内容，使用传统爬虫的方式无法触发这一请求事件。

基于以上问题，本书采用 selenium 这一自动化测试工具，通过模拟浏览器的访问，绕过反爬虫，实现对动态页面源码的完整加载。此时，可以对已经加载好的页面信息进行处理，此外，通过 xpath 的方式获取页面上的控件，可以模拟在浏览器上对页面的操作，如点击按钮或滚动滑动条等。通过 xpath 的方式获取页面元素，使用正则匹配提取元素中的评价信息。

5.1.5 评估指标

本指标采用准确率（accuracy）/精度（precision）/召回率（recall）/综合评价指标（F1-score）的分类评估指标方法对迁移学习效果进行评估。

（1）Accuracy：预测正确的样本数与总样本数的比值。

（2）Precision：预测为正面样本且预测正确的数量与预测为正面样本的数量的比值。

（3）Recall：预测结果为正面样本且预测正确的样本数与正面样本总数的比值。它表示正面样本中被预测为正面类别的概率，即召回率。

（4）F1-score：Precision 和 Recall 的平均指标。

假设以下参数：① TP：表示样本的真实类别和预测类别都为正；② FP：样本真实类别为负类，预测类别为正类；③ FN：样本真实类别为正类，预测类别为负类；④ TN：样本的真实类别和预测类别都为负。如表 5-1 所示。

表 5-1　参数 TP，FP，FN，TN 假设的含义图

pred_label / true_label	positive	negative
积极	TP	FP
消极	FN	TN

根据以上参数，我们得到：

$$Accuracy = \frac{TP + TN}{TP + FP + TN + FN}$$

$$Precision = \frac{TP}{TP + FP}$$

$$Recall = \frac{TP}{TP + FN}$$

$$F_1 = \frac{2 * Recall * Precision}{Recall + Precision}$$

5.2　基于迁移学习的 Googleplay 评价分析系统的分析与设计

5.2.1　需求分析

本章通过基于 SeqGAN 的迁移学习方法将亚马逊评价数据知识迁移到 Googleplay 评价数据这一领域上，并通过生成的文本训练一个情感分类器。基于迁移学习的 Googleplay 评价分析系统中通过维护这一分类器，对 Gooplay 评价数据进行情感分析。通过分析，从数据规模方面考虑，本评价分析系统实现以下两大功能：

（1）"单条评价分析"功能，即用户在系统中通过输入和复制粘贴单条评论进行评价的情感分析。

（2）"评价数据集批量分析"功能，即用户选择服务器上已有的数据集，系统分析后返回正负样本数量和比例。

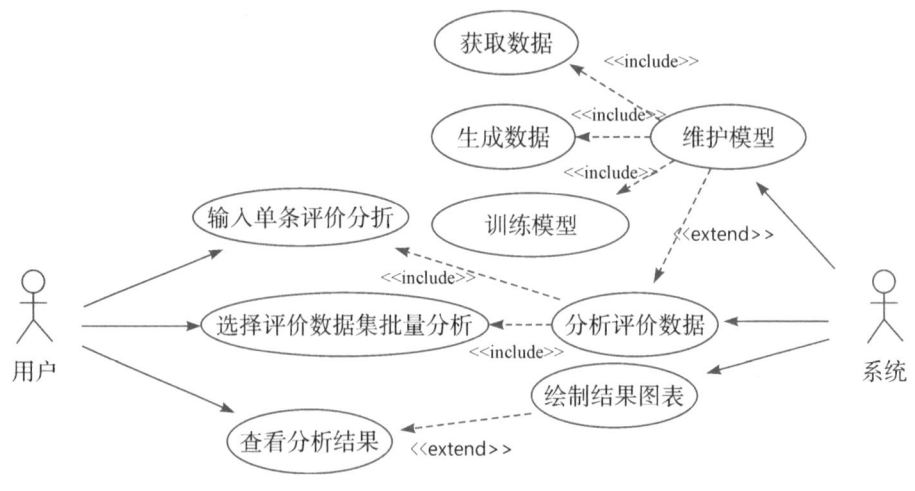

图 5-4　评价分析系统用例图

随后，对本评价分析系统进行用例分析，如图 5-4 所示，参与者分为用户和系统。用户有着输入单条评价分析、选择评价数据集批量分析和查看分析结果的功能。系统维护了一个分类器模型，该分类器通过网络爬虫和基于 Sequence 生成式对抗网络的迁移学习方法获得训练数据，对用户所输入的评价或用户所选择的评价数据集进行情感分析，将结果通过文本或绘制图标的方式呈现给用户查看。

（1）输入单条评价分析：用户在文本框中输入或粘贴待分析的评价文本，点击确认后服务器对该待分析的评价文本进行情感分析。

（2）选择评价数据集批量分析：用户从服务器返回的本地选择一个数据集，点击确认后服务器对该数据集中的评价文本进行情感分析。

（3）维护模型：服务器预先通过网络爬虫获取到亚马逊商城部分商品和 Googleplay 应用商店部分应用程序的评价数据，分别作为源领域数据和目标领域数据，通过 SeqGAN 将源领域数据迁移到目标领域，以迁移后的源领域数据作为分类器训练样本训练分类器。

（4）分析评价数据：使用服务器维护的分类器模型，对用户所选数据或数据集进行分类预测。

（5）绘制结果图表 / 查看分析结果：服务器分析完成之后，如果是单条评价分析操作，则将对该评价的预测分类结果以文本的形式呈现给用户；如果是批量分析操作，则将正负样本数量和比例以柱形图和扇形图的呈现给用户。

5.2.2　系统架构设计

通过 5.2.1 节的需求分析，本评价分析系统由数据收集模块（爬虫）、数据预处理模块、迁移模块、情感分析模块和应用模块五个部分构成，系统架构图及类图如图 5-5a、图 5-5b 所示。

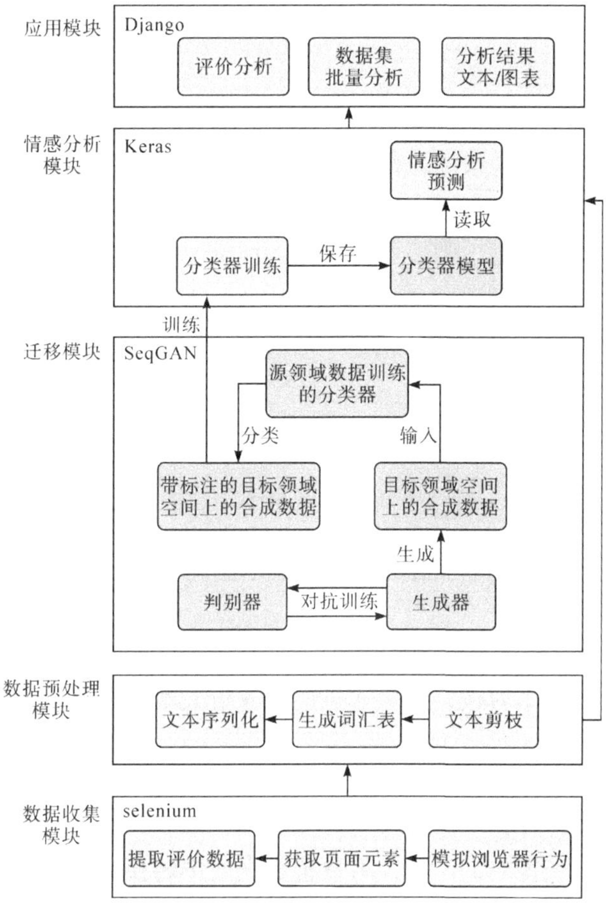

图 5-5 系统架构图及类图

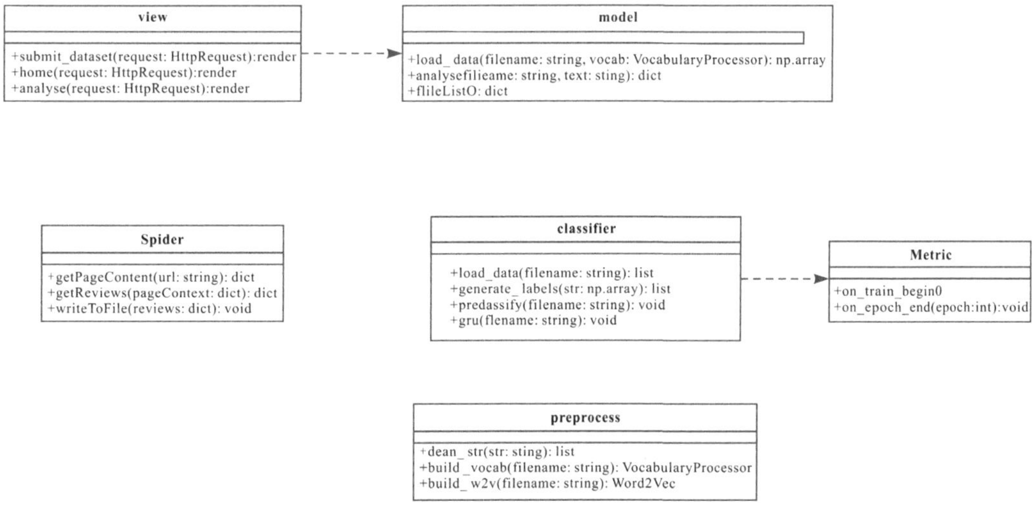

5.2.3 各模块介绍

1. 数据收集模块

使用 selenium 库编写本系统的爬虫,通过模拟浏览器浏览页面的行为,绕过反爬虫,完全加载页面后通过 xpath 获取页面元素,并通过模拟滚动滑条和点击加载更多按钮动态加载评论内容,通过正则的方式从元素标签中提取评价数据。爬取到的评价数据以 utf-8 格式保存为记事本。

2. 数据预处理模块

数据预处理流程如图 5-6 所示。

图 5-6　数据预处理流程

由于评价数据中含有非英文字符(如日语、阿拉伯语、表情符号等),需要对爬取得到的评价数据进行文本剪枝,剔除非英语的评价文本,删除表情符号,以及统一转换为小写字母。

之后,统计剪枝后的文本中的词频,剔除词频低于 10 的单词,建立以词频排序的包含词 - 索引键值对的词汇表。

使用上述步骤中获得的词汇表,将评价数据文本转换为单词对应的索引序列。由于 SeqGAN 要求句子长度为 20,因此剔除长度超过 20 的评价数据,长度不足 20 的句子在句末补 0。

3. 迁移模块

该模块是基于迁移学习的 Googleplay 评价分析系统的核心,起着至关重要的作用,迁移策略为基于 SeqGAN 的特征映射,如图 5-1 所示。

迁移模块以亚马逊评价数据作为源领域数据,Googleplay 评价数据作为目标领域数据输入 SeqGAN,根据亚马逊评价数据生成和 Googleplay 评价数据同分布的合成数据,使用带标注的亚马逊评价数据训练得到的分类器对合成数据进行分类,得到带标注的合成数据。

4. 情感分析模块

该模块以迁移模块中得到的带标注的合成数据训练 GRU 分类器,保存在服务器本地。用户发起评价分析的请求时,读取服务器本地保存的分类器模型,对待分析的未标注 Googleplay 评价数据进行评价分析预测。

5. 应用模块

应用模块使用 Django 搭建服务器,采用 MVC 模式,负责响应、解析用户请求,调用情感分析模块的函数对评价数据进行分类，以文本的形式或以正负样本数目柱形图和正负样本占比扇形图，以视图的方式返回给用户。

5.3 基于迁移学习的 Googleplay 评价分析系统的实现

5.3.1 原始数据描述

本评价分析系统是基于 Googleplay 应用商城中部分 App 及亚马逊商城部分商品的评价数据，将之称为原始数据。本系统通过自动化测试工具 selenium 实现数据爬取，所需参数及工具如表 5-2 所示。

表 5-2 数据爬取参数工具

url	https://play.google.com/store/apps/details?id=com.twitter.android
请求参数	showAllReviews=true（显示所有评论） hl=en（请求英文页面）
浏览器	Firefox（需安装 webdriver）
xpath	//span［@class='qC3s2c'］/div［@class='pf5lIe'］/div［@role='img'］（评价星级） //div［@class='Z8UXhc'］/span［@jsname='bN97Pc'］（评价文本）
class	O0WRkf.oG5Srb.C0oVfc.n9lfJ（加载更多内容的按钮）

考虑到 selenium 模拟浏览器行为随着评价内容加载更多，解析页面运行效率变低这一情况，本章不从某一款软件中获取所有的评价数据，而从某一类软件选择几款下载量较高的应用程序中各取部分评价数据。本章从 Twitter、Tumblr、Facebook、Google+、Chrome、Line 和 Youtube 这 7 款软件中各爬取约 16 000 条评价数据，合计超过 10 万条评价数据。

原始数据包括了评价文本及其对应的星级数（评分等级，为 1~5），如表 5-3、表 5-4 所示。

表 5-3 亚马逊商品评价数据示例

商品类型	DVD
评价文本	My 3 year old & 1 year old love this movie! They laugh & think it is great!
评价星级	5

表 5-4 Googleplay 应用程序评价数据示例

应用名称	Twitter
评价文本	The best!!! Greatest and best social media app ever.... Every other is still learning. U can never get bored. If you angry u end up smiling soon enough. Please continue working on updates to make the app more enjoyable, loving the new updates.
评价星级	★★★★★
评价星级文本描述	Rated 5 stars out of five stars

使用评价文本对应的评价星级对数据进行标注，即对评价文本按其评价星级进行分类，星级为 1 和 2 的评价文本作为负样本，星级为 4 和 5 的作为正样本，得到带标注的源领域和目标领域样本，即亚马逊商品正、负样本数据集和 Googleplay 应用程序正、负样本数据集合计 4 个数据集。

5.3.2 数据预处理模块实现

该模块对通过爬虫获取的原始数据进行访问，对评价文本进行剪枝、创建词汇、文本序列化等预处理，得到定长的词索引序列，作为迁移模块和情感分析模块的输入。数据预处理模块由文本剪枝、词汇表生成、文本序列化三部分组成。

5.3.2.1 文本剪枝

文本剪枝即对字符串中的特殊字符和大小写情况进行处理，由 Python 字符串函数实现。目的有三：①剔除非英文评价内容，如日文、阿拉伯语、表情符号等；②将缩写形式和带有情感倾向的标点符号视作独立的一个单词，如 's、n't、! 等；③将单词的大小写视作一个单词，如 "ok" 和 "OK"。具体操作如表 5-5 所示。

表 5-5 文本剪枝具体操作

文字	日文、阿拉伯语、表情符号替换为空格
缩写形式	's、've、n't、're、'd、'll 在字符前加空格
标点符号	,、!、(、)、? 在符号前加空格
大写字母	转换为小写字母

5.3.2.2 词汇表生成

通过文本剪枝，得到较为干净且规范的评价文本数据集，在此基础上进行词汇表的建立。

步骤一：以空格为分隔符，统计数据集中最长的句子长度，记为 max_document_length。

步骤二：使用 tensorflow.contrib 模块的 learn.preprocessing.VocabularyProcessor 类创建 VocabularyProcessor 对象，该类定义如表 5-6 所示。

5 基于迁移学习和 GAN 的 Googleplay 评价分析系统

表 5-6　VocabularyProcessor

```
/*
 * @param max_document_length 文本的最大长度。超过这个长度则截断，不足则补 0
 * @param min_frequency 词频的最小值。低于该词频的单词从词汇表中剔除，用 0 表示
 * @param vocabulary CategoricalVocabulary 对象
 * @param tokenizer_fn 分词函数
 */
class VocabularyProcessor（max_document_length，min_frequency=0，vocabulary=None，tokenizer_fn=None）
```

本章中，max_document_length 为步骤一中最长的句子长度，min_frequency=10。

步骤三：调用该对象的 fit 方法统计词频后，由于 SeqGAN 的输入维度为 20，因此修改 max_document_length=20，将该对象保存为 pkl 文件，完成词汇表的创建。

保存的词汇表为键值对为单词 – 索引的字典，大小为 4313，默认按词频排序，之后的文本 – 序列转换将基于该词汇表进行。

5.3.2.3　文本序列化

依据词汇表生成步骤中得到的词典，以单词为 key 得到单词对应的索引，将文本转换为序列。步骤如下：

（1）如果直接使用 VocabularyProcessor 类对文本进行序列化的话，长度超过 max_document_length 就会被截断，可能导致句子意思表达不够完整。因此，为保证句子意思的完整性，剔除数据集中长度超过 20 的句子。

（2）使用 VocabularyProcessor.restore 方法读取已经创建好词汇表的 VocabularyProcessor 对象。

（3）调用 VocabularyProcessor 对象的 transform 方法，将评价文本转换为维度为 20 的序列，写入记事本。

5.3.3　迁移模块实现

该模块为基于迁移学习的 Googleplay 评价分析系统的核心模块，由基于 SeqGAN 的迁移学习和合成数据标注两部分组成。

5.3.3.1　基于 SeqGAN 的迁移学习

在本评价分析系统中，使用基于序列生成式对抗网络的特征映射作为迁移策略，通过亚马逊商品评价数据生成类似于 Googleplay 应用程序评价数据的数据，即完成到 Googleplay 应用程序评价数据的特征空间的映射。步骤如下：

步骤一：创建 Generator 类对象，Generator 类定义如表 5-7 所示。

表 5-7　Generator

```
/*
 * @param num_emb 词典的大小  * @param batch_size 批尺寸
 * @param emb_dim 嵌入层输出的维度  * @param hidden_dim 隐层输出的维度
 * @param sequence_length 句子长度  * @param start_token 起始 token */
class Generator（num_emb, batch_size, emb_dim, hidden_dim, sequence_length, start_token,
learning_rate=0.01, reward_gamma=0.95）
```

本章中设置 num_emb=10，batch_size=100，emb_dim=32，hidden_dim=32，sequence_length=20，start_token=0。

步骤二：创建 Discriminator 类对象，Discriminator 类定义如表 5-8 所示。

表 5-8　Discriminator

```
/*
 * @param sequence_length 句子长度  * @param num_classes 判别器要判断的类别数量
 * @param vocab_size 词典的大小  * @param embedding_size 嵌入层输出的维度
 * @param filter_sizes 卷积操作 filter 的大小  * @param num_filters 卷积操作 filter 的数量
 */
class Discriminator（sequence_length, num_classes, vocab_size, embedding_size, filter_sizes, num_
filters, l2_reg_lambda=0.0）
```

本章中，设置 sequence_length=20，num_classes=2（0 表示合成样本，1 表示真实样本），vocab_size=4314，embedding_size=64，filter_sizes=［1，2，3，4，5，6，7，8，9，10，15，20］，num_filters=［100，200，200，200，200，100，100，100，100，100，160，160］

步骤三：读取亚马逊评价数据，通过极大似然估计方法预训练生成器，epoch=120。

步骤四：使用步骤三训练得到的生成器生成数据作为负样本，Googleplay 应用程序评价数据作为正样本，通过最小化交叉熵的方式预训练判别器，epoch=50。

步骤五：固定判别器，生成器生成样本，计算策略梯度调整生成器参数；固定生成器，训练判别器；重复本步骤直到 SeqGAN 收敛（epoch=200）。此时生成器生成的样本即与目标领域数据在同一特征空间上。

5.3.3.2　合成数据的标注

通过 SeqGAN 生成的数据与 Googleplay 评价数据具有相同的分布，即在同一特征空间上。而 SeqGAN 又是以亚马逊电商评价为输入进行的文本生成，因此也具有亚马逊电商评价数据的某些特征。因此，可以使用带标注的亚马逊电商评价数据训练分类器，对生成的数据进行分类预测。步骤如下：

步骤一：使用 gensim.models.word2vec 的 word2vec 类创建 word2vec 对象，该类的实现如表 5-9 所示。

表 5-9　word2vec

```
/*
 * @param sentences 需要分析的语料
 * @param size 词向量的维度
 * @param window 词向量上下文最大的距离
 * @param hs word2vec 解法的选择，0 表示使用 Negative Sampling 方法，1 表示使用 Hierarchical Softmax 方法
 * @param min_count 最小词频
 */
class word2vec ( sentences=None, size=100, alpha=0.025, window=5, min_count=5,
            max_vocab_size=None, sample=1e-3, seed=1, workers=3, min_alpha=0.0001,
            sg=0, hs=0, negative=5, cbow_mean=1, hashfxn=hash, iter=5, null_word=0,
            trim_rule=None, sorted_vocab=1, batch_words=MAX_WORDS_IN_BATCH, compute_
loss=False, callbacks= ( ))
```

本章中，设置 hs=1，min_count=10，window=7，size=100，创建维度为 100，词频大于等于 10 的词向量形式的词典，保存为 pkl 文件。该词典中，可以通过两个词向量之间的距离计算两个单词之间的相近程度。

步骤二：读取步骤一训练得到的词向量词典，将亚马逊商品评价数据根据词典转换为词向量，得到评价数据集的词向量矩阵，使用 train_test_split 方法划分训练集和测试集，比例为 0.8∶0.2，使用图 5-7 所示的分类器结构创建 Keras 序列模型。

图 5-7　分类器序列模型

GRU 层使用 sigmoid 作为初始激活函数，hard_sigmoid 作为单元内部激活函数，每次训练后，随机丢弃层随机断开 50% 的神经元以防止过拟合。将亚马逊商品评价数据作为训练集训练该分类器，保存。

步骤三：读取步骤二训练得到的分类器，调用 model.predict_classes 方法对生成数据进行分类，正负样本分开写入记事本中。

5.3.4　情感分析模块实现

情感分析模块是评价分析系统的功能核心模块，主要由模型训练和分类预测两个部分组成。

1. 模型训练

本章中，采用 5.1.3 节中的基于 GRU 的五层序列模型结构作为分类器模型。步骤

如下：

步骤一：读取 5.3.3.2 节中通过亚马逊商品数据标注好的合成数据，随机打乱之后，使用 train_test_split 方法划分训练集和测试集，比例为 0.8∶0.2。

步骤二：初始化序列模型对象，按图 5-4 的顺序，依次将各层添加到序列模型对象中，模型训练的损失函数为 binary_crossentropy，优化器为 adam。

步骤三：使用划分好的训练集训练模型，epoch=20，保存。

2．分类预测

在训练好情感分析模型之后，系统通过读取保存的模型对象，并调用 predict_classes 函数，可以对 Googleplay 应用程序评价数据进行分类预测。

5.3.5 应用模块实现

本系统提供用户单条评价数据分析和数据集批量分析两个功能，以 web 的形式实现。应用平台采用 bootstrap 做为前端，使用 Django 搭建服务器，系统采用 MVC 模式实现，如图 5-8 所示。

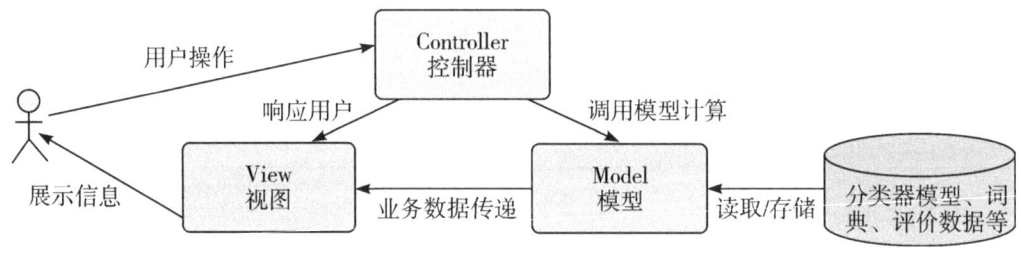

图 5-8　系统 MVC 模式

1．控制器

根据用户所选择的操作，调用相应的函数进行处理。具体步骤为：

步骤一：拦截用户请求，拦截的 url 模式如表 5-10 所示。

表 5-10　url 模式

url 模式	说明	参　　数
/ 或 /home	首页，由 home 函数处理	无
/analyse	单条评价分析，由 analyse 函数处理	radio 1 表示进行单条评价分析，2 表示评价数据集批量分析 text 单条评价分析中用户输入的文本
/submit	数据集批量分析，由 submit_dataset 函数处理	radio 所选数据集的文件名

步骤二：控制器根据 url 模式将请求传递给对应的函数进行解析，将解析得到的数据作为参数传递给模型。

2. 模型

实现功能的函数，供控制器调用，在本系统中为评价数据分析函数和获取本地文件列表函数。

（1）评价数据分析函数：

步骤一：读取本地词典和分类器模型。

步骤二：根据用户所选的文件名打开文件流或获取用户输入评价文本。

步骤三：将步骤二中得到的文件流或字符串转换为以句子文本为单位的 list，根据词典将 list 转换为以句子序列为单位的 numpy 数组。

步骤四：将步骤三中的数组传入 predict_classes 函数中，返回预测结果数组。

步骤五：如果是单条评价分析，则返回结果数据组中该评论的分类结果；如果是评价数据批量分析，则统计预测结果数组中正负样本数量，计算占比，并将该数组写入以数据集名称 +"_result"命名的文件中，返回正负样本数量和占比。

（2）获取本地文件列表函数：使用 os.walk 函数在项目路径下 data 目录中所有的文件名，剔除后缀为"result"及非 txt 格式的文件，返回文件名列表。

3. 视图

功能函数处理完成后，控制器将函数返回的业务数据——评价分析结果传递给 html 模板，以视图的方式返回给用户。视图模板及对应的业务数据如表 5-11 所示。评价数据批量分析及其结果分别如图 5-9、图 5-10 所示。

表 5-11　视图模板及数据

模板名称	业务数据
home.html	无
select_dataset.html	showed 是否显示分析图表 datasets 服务器上数据集列表 dataset 当前所选数据集名称 positive 正样本数量 negative 负样本数量 percentage 正样本占比
singleReview.html	result 单条评价的分析结果

图 5-9　评价数据批量分析

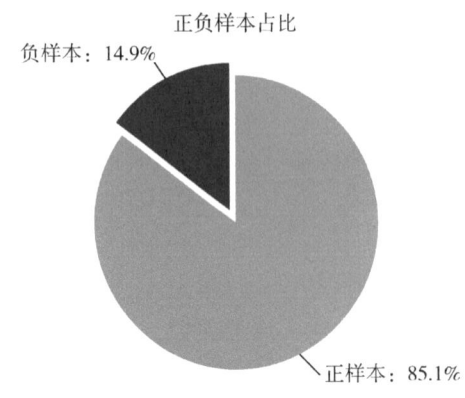
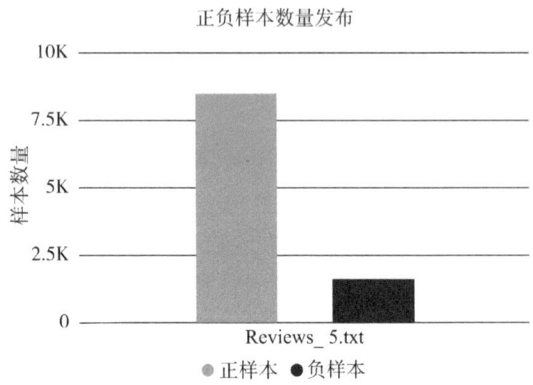

图 5-10 评价数据批量分析结果

5.4 实验及结果分析

5.4.1 实验环境

由于生成式对抗网络训练时间较长,本系统使用 Tensorflow 的 GPU 版本运行,实验的软硬件配置信息如表 5-12 所示。

表 5-12 实验的软硬件配置

项目	项目配置	项目	项目配置
CPU	4 核心 2.5GHz	Python 版本	3.5
内存	8GB	TensorFlow 版本	GPU 1.8
硬盘	100G	CUDA 版本	8.0
操作系统	Windows 10		

5.4.2 实验设计

(1)针对生成数据及目标领域数据的不同分类方法实验设计。

由于通过 SeqGAN 生成的样本没有标注,要将合成数据用于训练目标领域的分类器,则需要给合成数据进行标注。因此,设计实验对比合成数据的不同分类方法对系统性能的影响。

本章中,采用两种方式进行训练:使用 word2vec 训练词典后使用词向量训练分类器，使用词索引训练分类器。

（2）针对不同训练集的分类预测实验设计。

为了测量迁移的效果，需设计实验对比使用不同训练集训练分类器对系统性能的影响。本实验中，使用 word2vec 训练词典后使用词向量的方式训练合成数据分类器，使用词索引的方式训练目标领域数据分类器。

为全面测评评价分析系统的各项性能，根据 5.1.5 节中的知识，实验中记录系统的准确率、精度、召回率、综合评价指标 F_1 值这四项指标。

5.4.3 实验结果与分析

（1）针对生成数据及目标领域数据的不同分类方法的实验结果。

本实验中，取亚马逊商品评价数据正负样本各 5000，Googleplay 应用程序评价数据正负样本各 15 000，合成数据 10 000，进行实验，实验结果如表 5-13、图 5-11 所示，结果精确到小数点后 4 位。

表 5-13 实验（1）

分类方式	准确率 /%	精度 /%	召回率 /%	F_1
词向量分类合成数据 词索引分类目标数据	64.75	65.81	65.26	0.6490
词索引分类合成数据 词索引分类目标数据	66.78	65.08	64.45	0.6343
词索引分类合成数据 词向量分类目标数据	71.57	69.76	72.38	0.7075
词向量分类合成数据 词向量分类目标数据	74.23	73.77	73.84	0.7358
不使用合成数据 词向量分类目标数据	73.89	73.06	73.96	0.7323
不使用合成数据 词索引分类目标数据	68.97	69.25	65.06	0.6214

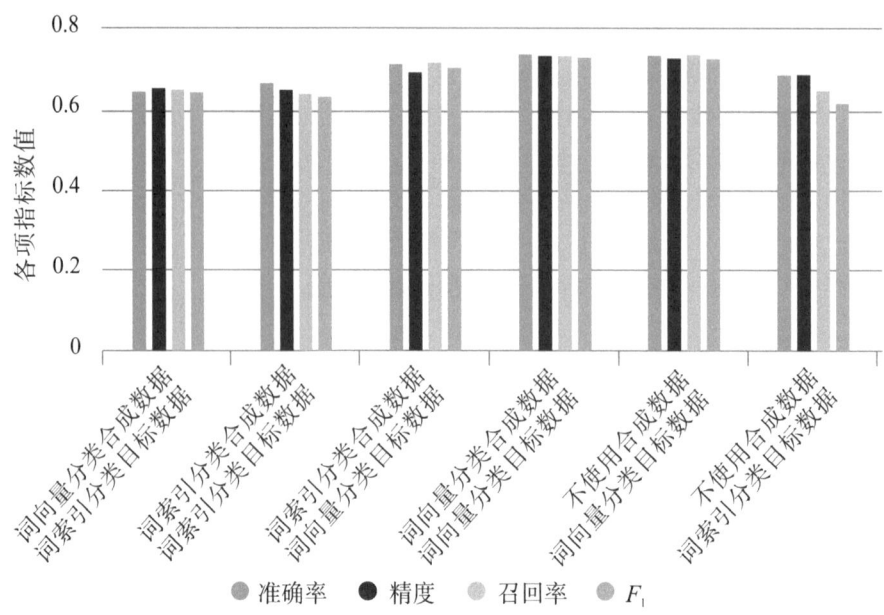

图 5-11 针对生成数据及目标领域数据的不同分类方法实验结果

从结果可以看出，在使用了合成数据的实验中，使用词向量方式训练合成数据分类器和目标领域数据分类器效果最佳。而使用了合成数据的实验比不使用合成数据的实验各项指标略低。

（2）针对不同训练集的分类预测的实验结果。

本实验分为两部分：不同的合成数据分类器训练集对目标领域分类预测结果的对比实验、不同的目标领域数据分类器训练集对目标领域分类预测结果的对比实验。

第一部分：本实验中，仅改变合成数据分类器输入的训练集的组成，采用词向量的方式训练合成数据分类器和目标领域数据分类器，取 Googleplay 应用程序评价数据正负样本各 15 000 作为测试集，亚马逊评价数据及 Googleplay 应用程序评价数据共 10 000 作为合成数据分类器训练集，合成数据 10 000 作为目标领域数据分类器训练集进行实验，实验结果如表 5-14 和图 5-12 所示，结果精确到小数点后 4 位。

表 5-14

合成数据分类器训练集组成	准确率 /%	精度 /%	召回率 /%	F_1
亚马逊评价数据 10 000 Googleplay 评价数据 0	73.89	73.06	73.96	0.7323
亚马逊评价数据 5000 Googleplay 评价数据 5000	78.70	77.68	77.95	0.7770
亚马逊评价数据 0 Googleplay 评价数据 10 000	80.44	80.01	80.30	0.7992

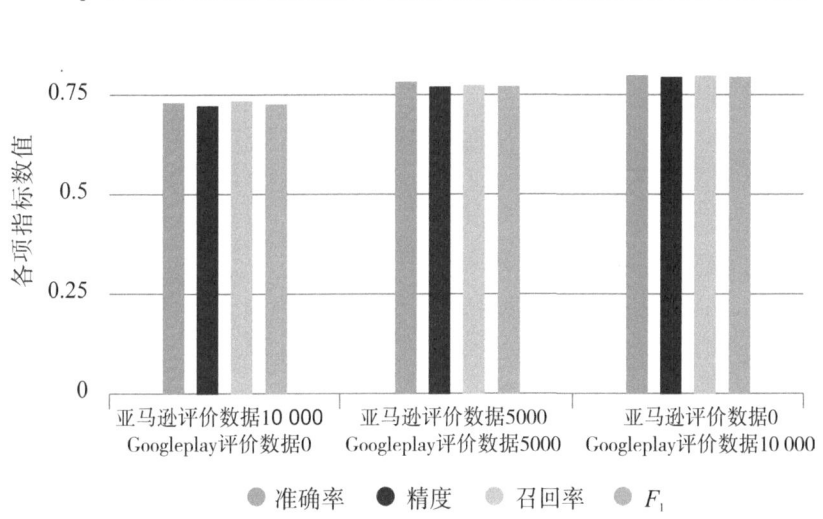

图 5-12 针对合成数据分类器不同训练集的分类预测的实验结果

第二部分：本实验中，使用亚马逊评价数据正负样本格 5000 训练合成数据分类器，仅改变目标领域数据分类器输入的训练集的组成，采用词向量的方式训练合成数据分类器和目标领域数据分类器，取 Googleplay 应用程序评价数据正负样本各 15 000 作为测试集，亚马逊评价数据及合成数据共 10 000 作为训练集进行实验，实验结果如表 5-15 和图 5-13 所示，结果精确到小数点后 4 位。

表 5-15

目标领域数据分类器训练集组成	准确率 /%	精度 /%	召回率 /%	F_1
合成数据 10 000 亚马逊评价数据 0	74.23	73.77	73.84	0.7358
合成数据 5000 亚马逊评价数据 5000	74.85	73.62	74.76	0.7407
合成数据 0 亚马逊评价数据 10 000	73.89	73.06	73.96	0.7323
合成数据 0 亚马逊评价数据 0 Googleplay 评价数据 10 000	81.75	81.59	81.60	0.8148
合成数据 0 亚马逊评价数据 5000 Googleplay 评价数据 5000	80.84	80.69	80.70	0.8055

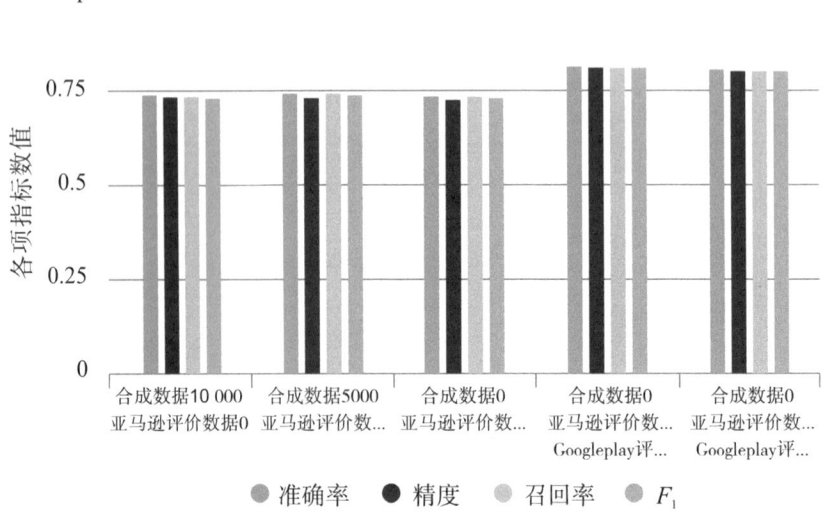

图 5-13　针对目标领域数据分类器不同训练集的分类预测的实验结果

通过对比表 5-14 和表 5-15 的实验结果得知，在合成数据分类器训练或目标领域数据分类器训练时加入目标领域数据提高目标领域数据分类的各项指标，既说明了结果准确与否与能否准确标注合成数据有关，也反映了传统机器学习中需要领域大量标注样本这一事实，以及迁移学习能够放宽这一要求，但从效果上反映了并不能代替这一要求的事实。

5.5　总结

本章实现了基于迁移学习的 Googleplay 评价分析系统，相比于传统的分析系统，该系统存在两点创新之处。在模型训练方面，通过迁移学习的方式得到训练数据，解除了传统机器学习方法中需要大量标注数据和训练数据与测试数据需要满足独立同分布这两个限制。在迁移策略方面，使用生成式对抗网络来实现特征映射而非传统的直推式迁移。

参考文献

［1］ CAMBRIA E, SCHULLER B, XIA Y Q, et al. New avenues in opinion mining and sentiment analysis［J］. IEEE Intelligent Systems. 2013, 28 (2): 15 – 21. doi: 10. 1109/MIS. 2013. 30.

［2］ ORTONY A, CLORE G, COLLINS A. The cognitive structure of emotions［J］. Contemporary Sociology, 1988, 18(6): 2147–2153.

[3] STEVENSON R, MIKELS J, JAMES, T, et al. Characterization of the Affective Norms for English Words by discrete emotional categories[J]. Behav Res Methods, 2007, 39(4): 1020–1024.

[4] CAMBRIA E, HUSSAIN A. Sentic Computing: Techniques, tools, and applications[J] (PDF). Springer. 2012.

[5] LORIEN Y P. Discriminability-based transfer between neural networks[J]. NIPS Conference: Advances in Neural Information Processing Systems 5. Morgan Kaufmann Publishers, 1993: 204–211.

[6] GOODFELLOW I, POUGET-ABADIE J, MIRZA M, et al. Generative adversarial nets[J]. Advances in Neural Information Processing Systems. 2014, 2672–2680.

[7] ARJOVSKY M, CHINTALA S, BOTTOU L. Wasserstein GAN[J]. 2017 arXiv: 1701.07875v3.

[8] CHO K, MERRIENBOER B V, GULCEHRE C, et al Learning phrase representations using RNN encoder-decoder for statistical machine translation[J]. Computer Science, 2014. arXiv: 1406.1078v3.

6 基于迁移学习和 GAN 的电商评价分析系统设计

最近几年我国互联网行业高速发展，其中，线上支付平台以及移动支付的完善，促进了电子商务的繁荣发展。大数据一词被越来越多人用来描述海量的数据和相关的技术。基于大数据进行决策分析变得越来越频繁。在该背景下，研究电子商务评论的情感分析具有很大的实用性。通过分析可以让买家和卖家了解商品的好坏，从而为买卖双方各自计划的制定提供帮助。在这过程中，信息分类是必不可少的一步。分类模型需要大量的标注数据进行训练，但标注大量数据的工作非常费时，且代价高昂。迁移学习作为新兴的学习框架，能够基于现有的数据和模型对新领域的数据进行建模，从而解决以上问题，因此具有研究和探索的意义。

传统的机器学习和数据挖掘算法的预设是，训练数据和目标数据在同一特征分布空间中，具有相同的分布。但是，在许多实际应用中，这种假设可能不成立。例如，在一个感兴趣的领域中有一个分类任务，却没有足够的训练数据，但是在另一个相关领域有足够的训练数据，只是后一个数据可能处于不同的特征空间或遵循不同的数据分布。在这种情况下，如果成功完成知识迁移，将避免昂贵的数据标注工作，且能提高学习效果。迁移学习作为新的学习框架，成为解决以上问题的主要方法。它通过某种方式使源领域数据和目标领域处于同一特征空间并有相同分布。迁移学习是一个新兴领域，它的应用前景十分广阔。

生成式对抗网络是通过生成模型和鉴别模型相互对抗来生成类似真实数据的深度学习模型。生成模型通过生成数据使得鉴别模型判断类别的正确率最小化，鉴别模型则鉴别真实数据和生成数据，并反馈给生成模型，使其生成更加逼真的数据。它为创建无监督学习模型提供了强有力的算法框架。近期有论文提出基于 GAN 实现图像知识迁移的迁移学习方法，证明了 GAN 在迁移学习上的可行性。

情感分析一直以来都受到广泛关注，各式各样的情感分析算法不断被提出。目前，情感分析主要分为以下三类：

（1）基于规则的文本情感分析方法。该方法主要通过构建情感词典，再对比文本中的情感词来判断文本的情感倾向。但语言是复杂多变的，句子的上下文、语气词或者标点符号都会使得句子的情感判断变得复杂。因此，该方法具有很大的局限性。

（2）基于机器学习的文本情感分析方法。该方法主要对有标签的训练文本提取特征以及建模，然后使用机器学习算法计算文本的情感倾向。它的效果很大程度上取决于特征的提取，而特征的选择和提取是人工选择的，因此，该方法具有不稳定性。此外，由于建模时所用函数都较为简单，在提取深层次特征时该方法可能面临性能瓶颈的问题。

（3）基于深度神经网络的文本情感分析方法。通过多层非线性网络建模，深度神经网络弥补了机器学习无法多层次提取特征的缺点。它在情感分析的应用主要分为两块：①语言模型，它将词映射为低维实数空间的向量，根据欧式距离可得到词之间的语义关系。而 word2vec 的出现更使得生成的词向量带有语义信息；②通过神经网络，如 RNN，捕捉文本深层次的特征，加强模型的训练效果。

研究主要分为两部分：①理论研究，主要为迁移策略，情感分析方法，以及词特征提取的方法选择；②工程实践，主要是对理论在实际应用的实践。

6.1 相关技术介绍

6.1.1 爬虫框架 Scrapy

Scrapy 是一个基于 Python 开发的 Web 抓取框架，用于抓取 Web 站点上的结构化数据。其整体架构大致如图 6-1 所示。

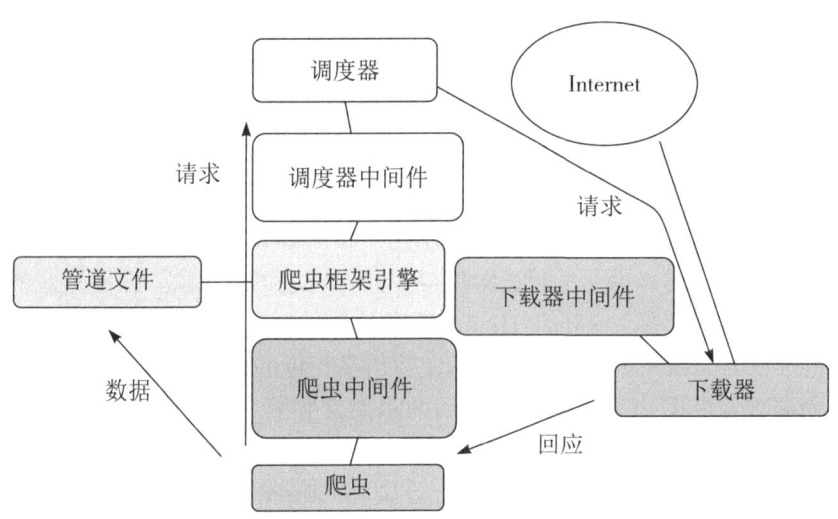

图 6-1 Scrapy 的整体架构图

它由以下组件构成：

（1）爬虫框架引擎。框架的核心，处理整个系统的数据流。

（2）调度器。类似一个 URL 的优先队列。它接收来自 Scrapy 的请求，压入队列中，并在 Scrapy 再次请求时返回。它决定下一次抓取的网址是哪一个。

（3）下载器。下载网页内容并返回给 Spiders。

（4）爬虫。从 Downloader 传来的网页内容中提取所需信息。

（5）管道文件。处理 Spiders 从网页抽取出来的实体，其主要功能为处理数据并清除不需要的信息。

（6）爬虫中间件。Middlewares，即中间件，分为三类：① Downloader Middlewares，它是 Scrapy 和 Downloader 之间的中间件，用于处理它们之间的请求和响应；② Spider Middlewares，它是 Scrapy 和 Spiders 之间的中间件，功能为处理 Spiders 的请求和响应；③ Scheduler Middlewares，它是 Scrapy 和 Scheduler 之间的中间件，功能为处理 Scrapy 和 Scheduler 之间的请求和响应。

运行流程如下：

（1）Scrapy 从 Scheduler 中取出一个 URL 用于接下来的抓取。

（2）Scrapy 将 URL 封装成一个 Request 传给 Downloader。

（3）Downloader 下载相关内容，并封装为 Response。

（4）Spiders 开始解析 Response 内容。

（5）Spiders 解析出的实体，交给 Pipeline 做进一步的处理；若解析的是 URL，则传给 Scheduler 等待之后的抓取。

本章采用基于 Scrapy 框架的网络爬虫，爬取亚马逊产品评价作为本章的实验以及系统的数据集。

6.1.2 word2vec 模型

word2vec 又名 word embeddings，它最开始在 Tomas Mikolov 发表的文章中被提到，其作用为将自然语言中的词语转换为计算机可以理解的高维向量。

在过去，自然语言中的词语转换主要使用 one-hot 表示法，即为语料库中每一个词分配一个唯一的索引。这样每个词都被表示为一个 N 维向量，词索引所对应的维度为 1，其他为 0。但这样的表示无法通过向量得知词与词之间的联系。在 N 过高的情况下，这种表示会导致维度灾难。1986 年 Hinton 提出了 Distriuted 表示法，即将词表示为一个限定在一定维度的实数向量。这样的表示使得语义相近的词语在向量空间里距离相近。通过欧式距离或余弦距离可以求得词之间的距离来判断它们语义的相似性。word2vec 应用了 Distriuted 表示法。它采用简化的模型，使训练速度大大提升。

word2vec 用的神经网络模型有两种，分别为 CBOW（图 6-2）和 Skip-Gram（图 6-3）。

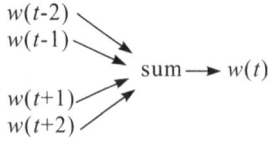

图 6-2　CBOW 的网络结构图

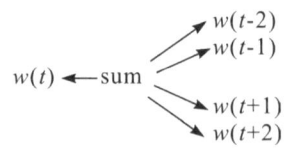

图 6-3　Skip-Gram 的网络结构

CBOW（continuous bag-of-words），它的目标是根据上下文来预测当前词语。在 CBOW 中，输入层输入上下文的词向量。词向量一开始为随机值，伴随着训练不断更新；投影层则是对输入层中上下文的词向量进行简单的向量加法求和；输出层最后输出出现概率最高的词 w。它的学习目标为一个最大化对数似然函数。

Skip-Gram 根据当前词语预测上下文。输入层只有一个词向量，投影层直接将输入层的词向量传给输出层，输出层最后输出上下文。其概率函数可写作：

$$p(\text{Context}(w)|w) = \prod_{u \in \text{Context}(w)} p(u|w)$$

式中，u 表示 w 的上下文中的某个词。

word2vec 从文本中以无监督学习的方式学习语义信息，起初每个单词都是随机的 N 维向量。word2vec 根据 CBOW 或 Skip-Gram，通过人工神经网络训练，使得每个单词都获得最优向量。同时语义相近的单词在坐标空间中位置相近。这些词向量已经捕捉到上下文的信息，可以预测句子情感极性。本章采用 word2vec 模型，对原始数据进行数据的预处理。

6.1.3 相关的迁移策略

将渲染图像和真实图像作为两个领域，以领域自适应的迁移思想，通过 GAN 修正渲染图像，使两个领域的图像处于同一特征分布，流程图如图 6-4 所示。

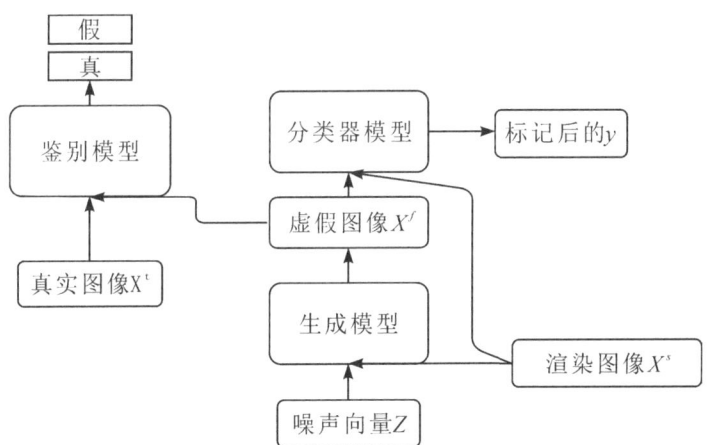

图 6-4 论文迁移思想的流程

如图 6-4 所示，生成模型（generator）根据输入的渲染图像以及噪声向量 Z 来生成一张图像。鉴别模型（discriminator）根据输入的真实图像来鉴别生成图像，并反馈回生成模型，指导其更加逼真的图像。分类器模型（classifier）由渲染图像和最终生成的图像训练得到，用于进行特定的分类任务。

该迁移策略具有以下优势：

（1）迁移架构和任务特定结构分离。大多数领域自适应方法中，领域自适应的过程和任务特定结构有着紧密联系。一旦切换任务，就需要重新训练领域自适应相关模型。而本方法的迁移架构和任务特定结构是分离的。生成的数据可以应用到不同的任务当中。

（2）跨标签空间的泛化。由于迁移架构和任务特定结构分离，因此源域和目标域的标签空间不再受限于匹配。

（3）训练的稳定性。文中将源图像和生成图像上训练的任务特定损失与像素相似性正则化结合起来，因此能够避免模式崩溃并稳定训练。

（4）数据增强。通过调节源图像和随机噪声，模型可以产生无限的样本来进行训练。

本章在以上迁移策略的基础上，提出基于 GAN 的文本迁移学习方法。

6.2 文本上基于 GAN 的迁移学习策略

6.2.1 文本上基于 GAN 的迁移学习流程

6.2.1.1 整体流程

基于 GAN 的文本迁移学习方法使用有标注的源领域数据以及少量有标注的目标领域数据实现迁移，它属于归纳式迁移学习。

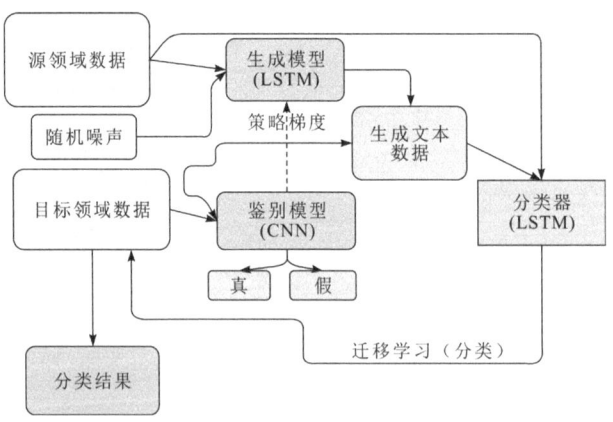

图 6-5 文本上基于 GAN 的迁移学习流程图

整体迁移学习流程如图 6-5 所示。

（1）进行数据的预处理。首先通过原始数据的筛选，大小写统一化以及分词，得到源领域和目标领域的文本数据。然后根据通过预处理好的数据，训练 Word2vec 模型，并将文本数据进行序列化处理。

（2）基于 GAN 进行源领域到目标领域的迁移。标注的源领域数据和随机噪声输入 GAN 的生成模型中，少量标注的目标领域数据和生成模型生成的数据则作为鉴别模型的输入。在对抗过程中，鉴别模型反馈 reward 给生成模型，使生成模型生成更加逼真的数据。经过对抗训练生成模型生成最终的文本，实现源领域到目标领域的迁移。生成文本数据已经使两个领域处于同一特征分布。在进行迁移的过程中，输入的源领域数据和目标领域数据的类别保持唯一且一致，以保证生成的文本的类别。

（3）训练分类器进行特定的分类任务。使用标注的源数据和生成文本数据训练分类器，根据特定的任务对目标领域数据进行分类。

6.2.1.2 数据的预处理

原始数据中存在着大量不一致、不符合要求的数据，因此需要进行数据的预处理，为后面的迁移流程提供高质量的数据。

（1）进行数据的筛选。根据类别从原始数据筛选出需要的数据。本章使用亚马逊英文评价数据做情感分析的二分类，因此需要从原始数据中取一星和二星的评价数据作为负面评价，取四星和五星的评价数据作为正面评价数据。此外，由于本章是基于 SeqGAN 设计迁移学习架构，且 SeqGAN 在长文本生成方面性能表现不理想，因此，迁移流程中只选择句长小于等于 22 个词的数据。

（2）数据的大小写统一化以及分词。本章使用的是亚马逊英文评价数据。由于在 Word2vec 模型中，大小写不同的同一个词是作为不同的词来计算，因此需要进行大小写的统一化，以确保数据的质量，提高后续流程的效果。之后基于英文的书写格式对数据进行分词。

（3）根据语料训练 Word2vec 模型。处理后的所有文本数据被合成一份语料，用于 Word2vec 模型的训练。通过 Word2ec 模型的训练，可得到 Word2vec 模型，以词为索引的 Word2index 词典和以词为索引的 Word2vector 词典。Word2vec 使得每个词都得到各自的词向量。这些词向量已经捕捉到上下文的信息，可以预测句子情感极性。

（4）将文本数据中每个词转换为数字。计算机是无法识别词语的，因此需要将文本数据转换为数字表示。这里使用上一步得到的 Word2index 词典，将每个词转换为对应的数字索引。本章中，迁移学习流程中生成模型需要的是 20 维的输入，因此做了以下处理：将源领域数据中每个句子通过补充 0 补充到 18 维（这里的 0 索引对应的是' '），超出 18 维的则截至 18 维，然后在每个句子末尾加上 2 维的随机噪声。最终为源领域领域真实数据 18 维加 2 维随机噪声作为生成模型的输入。

6.2.1.3 基于 GAN 的迁移

本章是基于 SeqGAN 在文本上实现迁移学习的。生成模型使用的是 LSTM 神经网络。它通过递归更新函数将输入嵌入表示序列映射到隐藏状态序列，然后通过 Softmax 输出层将隐藏状态序列映射到一个输出状态分布。鉴别模型使用的是卷积神经网络。它将长度为 T 的序列的嵌入层表达 $x_1, \cdots, x_T$，通过连接操作组成大小为 $T \times K$ 的矩阵 $\varepsilon_{1:T}$，并使用大小为 $l \times k$ 的卷积核在矩阵 $\varepsilon_{1:T}$ 上卷积，得到新的特征映射（等式 1）。

等式 1: $\otimes$ 是 x_t 方向上的元素乘积的和运算，b 是偏置项，ρ 是一个非线性函数。则：
$$c_i = \rho(\omega \otimes \varepsilon_{i:i+l-1} + b)$$

在进行数据的预处理后，已处理好的 18 维源领域数据加 2 维随机噪声作为生成模型的输入。少量标注的目标领域数据和生成模型生成的文本数据作为鉴别模型的输入。流程如下：

（1）通过随机权重初始化生成模型和鉴别模型的参数。

（2）利用最大似然估计（MLE）预训练生成模型。之后生成模型生成文本数据作为鉴别模型的输入，开始基于最小化交叉熵预训练鉴别模型。

（3）开始模型对抗训练。在这个过程中，生成模型都会基于每个词进行蒙特卡洛树搜索，即在生成模型生成的 token 当前位置开始进行采样，从而得到一批完整序列。该过程可用等式 2 表示。鉴别模型对这批完整序列进行鉴别，返回 reward 给生成模型。得到 reward 后，生成模型通过 Policy Gradient（等式 3）的方式进行训练。同时，鉴别模型基于等式 4 进行训练。

（4）对抗训练后，生成模型生成的数据使得鉴别模型判断类别的正确率最小化。此时，生成的文本数据已经使得两个领域的数据处于同一特征分布。

等式 2：基于蒙特卡洛的 rollout policy 计算等式：
$$Q_{D_\Phi}^{G_\Theta}(s=Y_{1:t-1}, a=y_t) = \begin{cases} 1/N \sum_{n=1}^{N} D_\Phi(Y_{1:T}^n), Y_{1:T}^n \in MC^{G_\beta}(Y_{1:t}; N) & t<T \\ D_\Phi(Y_{1:t}) & t=T \end{cases}$$

等式 3：Policy gradient 的表达式：
$$\Theta \leftarrow \Theta + a_h \nabla_\Theta J(\Theta)$$

等式 4：对抗训练中重新训练鉴别模型的表达式：
$$\min_\Phi -\mathbb{E}_{Y \sim P\text{data}}[\log D_\Phi(Y)] - \mathbb{E}_{Y \sim G_\Theta}[\log(1 - D_\Phi(Y))]$$

为了保证将两个领域的特征分布映射到同一特征分布，以及保证生成文本带有某一类别的情感极性，输入的源领域数据和目标领域数据的类别需要保持一致且唯一。本章实验中进行了两次文本生成。第一次生成模型的输入为 18 维源领域数据中的正面评价加 2 维随机噪声，鉴别模型的输入为生成文本数据以及少量 20 维的目标领域正面评价；第二次生成模型为 18 维源领域数据中的负面评价加 2 维随机噪声，鉴别模型为生成文本数据以及少量 20 维的目标领域负面评价。

6.2.1.4 训练分类器

通过 GAN 实现迁移后，开始根据特定任务训练分类器。流程如下：

（1）使用标注的源领域数据和生成文本数据训练分类器。若只使用生成文本数据训练分类器，由于模型的不稳定性，可能需要多次初始化运行才能达到理想的效果。而使用标注的源领域数据和生成文本数据训练分类器能够确保模型的稳定性。

（2）使用训练好的分类器对目标领域数据进行分类。

分类器基于 LSTM 训练得到，其结构如图 6-6 所示。其中，Embedding 层用于自然语言的降维；LSTM 层通过自身的 forget gate，捕捉了序列中的上下文语义；Dropout 层使网络中每个单元在数据流入时以一定概率输出 0,以防止过拟合;Dense 层是一个全连接层;Activation 层是激活函数,这里用 sigmoid 函数输出。

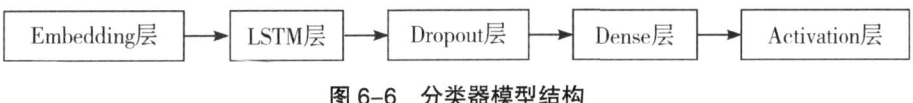

图 6-6　分类器模型结构

模型使用 binary_crossentropy 作为损失函数来计算预测结果与真实结果的误差。计算结果 train_loss 用于衡量训练集在模型中预测结果与真实结果的误差;相应的,val_loss 是衡量验证集在模型中预测结果与真实结果的误差,test_loss 是衡量测试集在模型中预测结果与真实结果的误差。根据这些 loss,可以识别分类器在训练过程中是否过拟合。

分类器训练完成后,开始在目标领域进行数据分类。本章采用准确率 / 精度 / 召回率 / 综合评价指标的分类评估指标方法对分类器的分类效果进行评估,以查看迁移学习的效果。

6.2.2　迁移策略的优势

与传统的迁移学习策略相比,本章所提的迁移策略具有以下优势:

(1)迁移架构和任务架构分离。基于 GAN 迁移学习生成的数据,可以应用到不同的任务中。

(2)数据增强:通过调节源领域数据和噪声,可以生成无限的样本来进行训练。这是传统的迁移学习方法所不具备的。

6.3　实验

6.3.1　样本简介

实验通过两个途径来获取实验所用的样本:①通过爬虫爬取亚马逊电子产品评价以及影视产品评价,经过处理后作为实验样本;②使用亚马逊公开数据集。

实验中,亚马逊影视产品评价数据集作为源领域数据集,每一条数据都已经被标注了正面评价或负面评价两类标签;亚马逊电子产品评价数据集作为目标领域数据集,有 12 000 条数据被标记,其中的 10 000 条数据作为少量被标注的目标领域数据用于迁移,剩下的 2000 条标注数据作为实验的测试集。实验中,将进行文本上基于 GAN 的迁移学习实验,并通过准确率 / 精度 / 召回率 / 综合评价指标来评估迁移效果。

6.3.2 实验环境

由于实验环境有限，本实验在 32 核 CPU 的 linux 服务器运行。软硬件配置如表 6-1 所示。

表 6-1 实验环境的软硬件配置

项目	配置
CPU	32 核，2.4GHZ
内存	156G
网卡	千兆网卡
操作系统	CentOS realease 6.9
Tensorflow 版本	1.7.0

6.3.3 分类器的拟合实验

若是过度训练分类器，就可能出现过拟合的问题，为此，进行了分类器的拟合实验。实验中，train_loss 表示训练集在模型中预测结果与真实结果的误差；val_loss 表示验证集在模型中预测结果与真实结果的误差；train_acc 表示训练集在模型中预测的正确率；val_acc 表示验证集在模型中预测的正确率。实验通过这两个 acc 和 loss 在训练中的变化情况来判断是否过拟合。

实验使用亚马逊影视产品评价作为数据集，其中的一星评价和二星评价作为负面类别的评价，四星和五星评价作为正面类别的评价。数据集总量为 30 000 条，其中 24 000 条作为训练集，3000 条作为验证集，3000 条作为测试集。

首先确定 batch_size。太大的 batch_size 容易陷入 sharp minia 问题（它类似局部最小值问题），训练效果不能得到很好的泛化。而较小的 batch_size 能够带来更随机的权重更新，提高梯度下降的随机性，带来更好的泛化。由于实验中数据集规模在 3 万左右，训练时间可以接受，因此将 batch_size 设置为 64。

在 batch_size=64 的情况下，进行 epoch 数量与拟合情况的相关性的实验。实验从两个方面来评估：①不同 epoch 数下准确率 / 精度 / 召回率 / 综合评价指标；② test_loss 和 val_loss 曲线的变化情况。

表 6-2 不同 epoch 数下准确率 / 精度 / 召回率 / 综合评价指标的指标

epoch 数	准确率 /%	精度 /%	召回率 /%	综合评价指标 /%
2	0.882	0.856	0.917	0.886
3	0.893	0.905	0.875	0.890
4	0.891	0.899	0.88	0.889

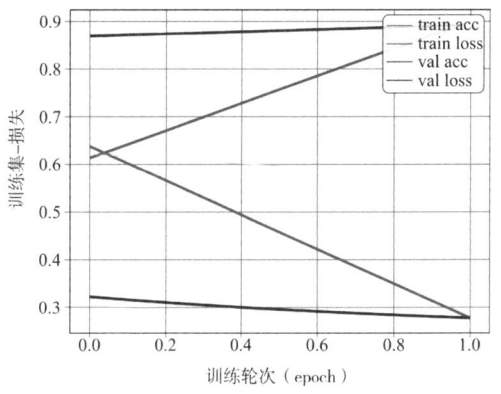

图 6-7　epoch=2 时 acc 和 loss 变化曲线图　　图 6-8　epoch=3 时 acc 和 loss 变化曲线图

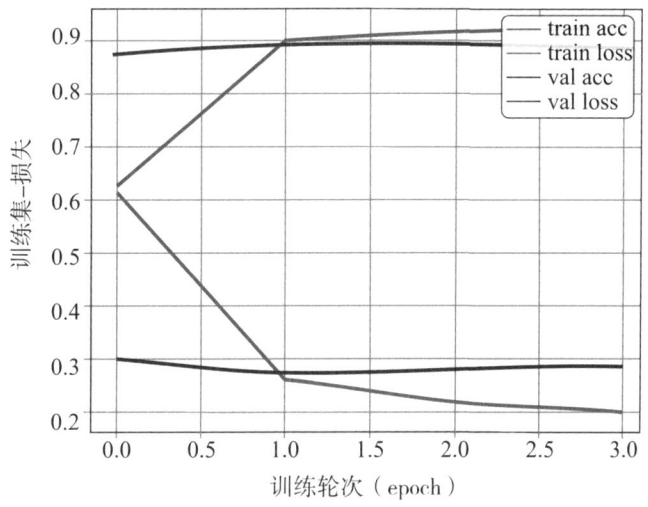

图 6-9　epoch=4 时 acc 和 loss 变化曲线图

从表 6-2 来看，epoch=3 时，代表预测的精确度的 Accuracy 为最高，同时表示 Precision 和 Recall 的综合评价指标 F1-score 也为最高。从图 6-7 来看，epoch=2 时，train acc 和 val acc 的曲线有增长的趋势，同时 train loss 和 val loss 的曲线有下降的趋势，这表示此时模型还处于欠拟合状态，有继续优化的空间；从图 6-8 来看，epoch=3 时，虽然 train acc 曲线仍在上升，train loss 曲线也仍在下降，但 val acc 和 val loss 已经趋于平稳；而从图 6-9 来看，epoch=4 时，train acc 和 val loss 曲线在上升，同时 train loss 曲线在下降，val acc 曲线趋于平稳。这表明模型已经处于过拟合状态，它过度学习了训练集中的数据，这将影响分类器在新的数据中的分类效果。

综上所述，在本章的分类器训练中，batch_size=64，数据集规模约为 30 000 左右的情况下，epoch 为 3 时模型表现效果最好。在后续流程中，将采用 batch_size=64，epoch 为 3 的参数对分类器进行训练。

6.3.4 迁移效果实验

本实验通过源领域数据和 GAN 迁移生成的文本数据训练分类器，并根据分类器分类效果来评定迁移效果。源领域数据为亚马逊影视产品评价数据集，目标领域数据为亚马逊电子产品评价数据集。这里分三组数据训练三个分类器，分别编号 A，B，C 进行实验对比。三组数据训练的指标如表 6-3 所示，对比图如图 6-10 所示。

第一组数据 A：训练集为源领域数据 8000 条，验证集为源领域数据 2000 条，测试集为目标领域数据 2000 条。

第二组数据 B：训练集为源领域数据和生成文本数据共 24 000 条，验证集为源领域数据和生成文本数据共 3000 条，源领域数据和生成文本数据比例为 1∶2。测试集为源领域数据和生成文本数据共 3000 条。

第三组数据 C：训练集为源领域数据和生成文本数据共 24 000 条，验证集为源领域数据和生成文本数据共 6000 条，源领域数据和生成文本数据比例为 1∶2。测试集为目标领域数据 2000 条。

表 6-3　三组数据训练的分类器测试集 - 损失 / 准确率 / 精度 / 召回率 / 综合评价指标的指标

序号	训练集	测试集	测试集 - 损失	准确率	综合评价指标	精度	召回率
A	源领域数据	目标领域数据	0.490	0.798	0.770	0.890	0.680
B	生成文本 + 源领域数据	生成文本 + 源领域数据	0.183	0.934	0.935	0.919	0.952
C	生成文本 + 源领域数据	目标领域数据	0.527	0.811	0.802	0.843	0.765

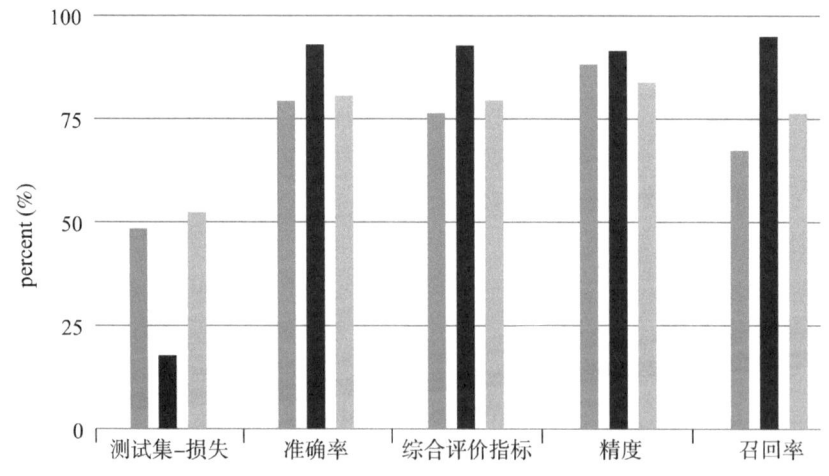

图 6-10　三组数据训练的分类器指标对比图

B组中，各类指标均达到90%以上，这说明生成文本加源领域数据训练的分类器在自身领域，即源领域数据加生成文本数据的领域有良好的分类效果；C组指标与A组相比，除了精度指标稍低于A组，其余指标均高于A组。通过C组和A组的指标数据对比，可以说明本章所提的方法实现了迁移，但效果一般，需要进一步优化。

通过实验，得出结论：在基于GAN的迁移学习策略中，生成的文本在训练分类器上起到的分类效果良好，但迁移效果一般，需要进一步优化。

6.4 基于迁移学习的电商评价分析系统的设计与实现

6.4.1 系统设计

6.4.1.1 需求分析

前一节的实验证明了基于GAN在文本上实现迁移的可行性。本系统基于课题的理论建模，对先前通过爬虫得到的亚马逊电子产品数据集进行分析。首先参考其他电商平台中的电商系统，进行用例分析，如图6-11所示。

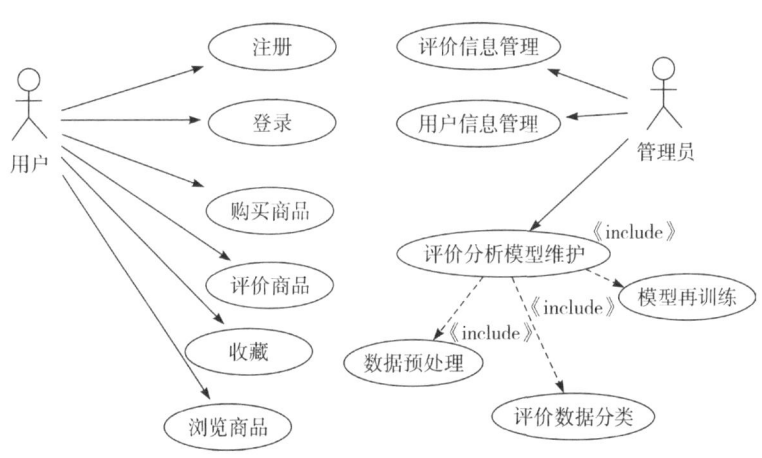

图6-11 电商系统的用例分析

对整个系统进行用例分析可知系统的使用群体为用户和管理员。其中用户拥有注册登录、购买商品、评价商品、收藏商品或商家、浏览商品的功能；而管理员具有用户信息管理、评价信息管理以及评价分析模型维护的权限。

本系统根据电商系统中的评价分析模块，实现以下功能：

（1）"电子产品评价分析"。输入一句电子产品评价，模型对评价分析后返回结果。

（2）"电子产品评价数据集分析"。选择分析的电子产品评价数据集，模型分析后以图表形式展现数据的分布。

6.4.1.2 系统架构设计

通过需求分析，系统的架构设计为四层：应用层、逻辑层、数据处理层、数据层。架构图如图 6-12 所示。

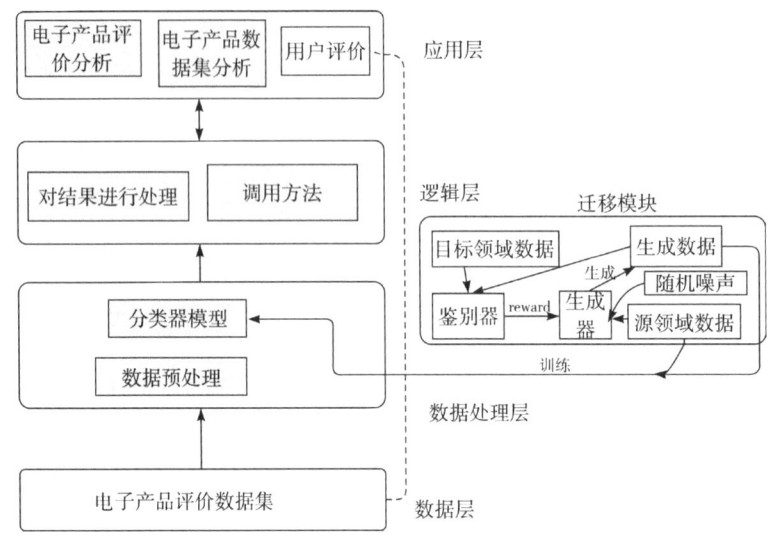

图 6-12　电商评价分析系统的架构分析图

数据层：主要为数据的存储。由于系统不投入商用，仅作为迁移学习理论的一个实践。这里并没有使用数据库进行数据的存储和管理，仅仅是通过文本文件的方式存放通过爬虫爬取或领域公开的数据集。

数据处理层：对数据层或来自用户输入的数据进行预处理，然后使用分类模型对数据进行分类。这里的数据预处理，指的是将数据（系统的数据皆为英文数据）进行大小写统一化并分词，然后通过 Word2vec 将文本数据中每个词转化成数字索引。

迁移模块：基于 GAN 进行文本上的迁移，得到源领域与目标领域的特征分布一致的生成文本。再通过生成文本数据和标注的源领域数据训练分类器。

逻辑层：针对用户界面返回的参数，调用不同的操作方法；或对来自数据处理层返回的结果进行封装，然后将封装的结果返回到用户界面。

应用层：应用层将逻辑层返回的结果，呈现在界面上。"电子产品评价分析"一项，将返回评价的类别；"电子产品评价数据集分析"一项，将通过图表的形式，将数据集类别分布呈现。

系统整体流程的类图如图 6-13 所示。

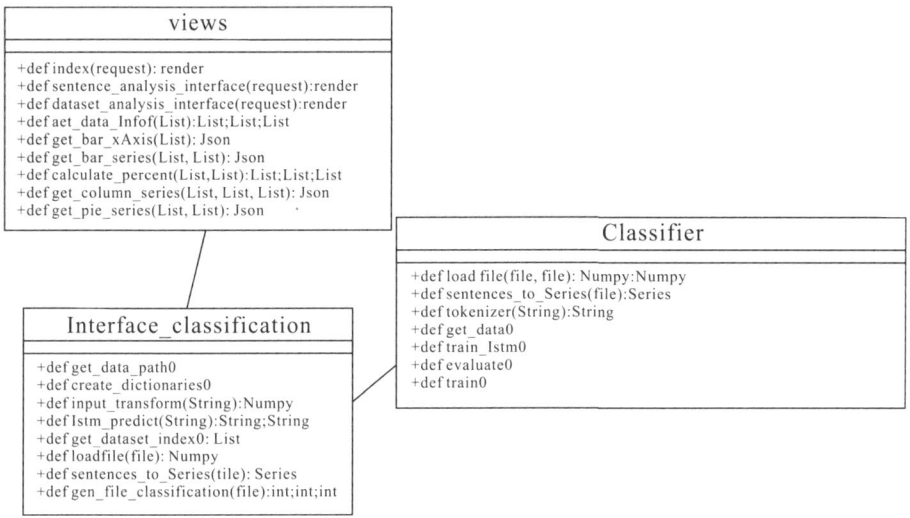

图 6-13　系统整体流程类图（除迁移模块）

本系统是研究文本上基于 GAN 的迁移策略的过程在应用上的一个实践。因此不具有商用价值，仅是模拟电商系统中评价分析模型的工作过程。这里采用基于 Bootstrap 的 Web 开发，以 Web 前端的形式将模型分类结果展现出来。

6.4.2　系统实现

6.4.2.1　原始数据描述

本系统所使用的原始数据为爬虫从亚马逊爬取的路由器、鼠标、键盘三种电子产品的评价，以及亚马逊影视产品和电子产品公开数据集。其中，公开数据集的原始格式如下：

{"reviewerID"："A2P5U7BDKKT7FW"，"asin"："0594451647"，"reviewerName"："Christian"，"helpful"：[0，0]，"reviewText"："The cable is very wobbly and sometimes disconnects itself.The price is completely unfair and only works with the Nook HD and HD+"，"overall"：2.0，"summary"："Cheap proprietary scam"，"unixReviewTime"：1398556800，"reviewTime"："04 27，2014"}

通过其中的 overall 字段和 reviewText 字段，从中提取出有标注的亚马逊影视产品评价，以及电子产品评价。

6.4.2.2　迁移模块实现

迁移模块根据课题提出的迁移策略进行构建。源领域数据为 10 000 条有标注的亚马逊影视产品评价。目标领域数据为亚马逊电子产品评价，其中有 12 000 条为有标注数据，10 000 条用于迁移，2000 条作为测试集。迁移模块训练得到的 Word2vec 模型和分类器模型将应用于系统中。

6.4.2.3 数据预处理实现

在迁移模块中已经训练得到分类器模型以及 Word2vec 模型,并保存了词对应索引和词对应向量的两个字典。数据的预处理步骤如下:①对评价进行大小写的统一化;②分词;③利用训练 Word2vec 模型中保存的词对应索引字典将词转化为数字索引。注意,构建 Word2vec 模型时词频参数设置为 10。因此在语料中词频小于 10 的词的索引将被设为 0。其过程如表 6-4 所示。

表 6-4 数据预处理过程示例

步骤	结果
原数据	This is a rather good TV mount. This TV mount works exactly as expected and described. I would buy again.
大小写统一化	my son crewed my hd charger cord so i needed another one, this is exactly like the one my son destroyed.
分词	[this, is, a, rather, good, tv, mount., this, tv, mount works, exactly, as, expected, and, described., i, would, buy, again.]
词转化为数字索引	[10, 77, 17, 438, 16, 1268, 4629, 10, 1268, 4625, 934, 1907, 44, 369, 25, 2491, 3, 327, 184, 650]

数据预处理完毕后将传入分类器模型进行分类。

6.4.2.4 系统架构实现

在本系统中的实现中,使用了 Django 框架(图 6-14)。

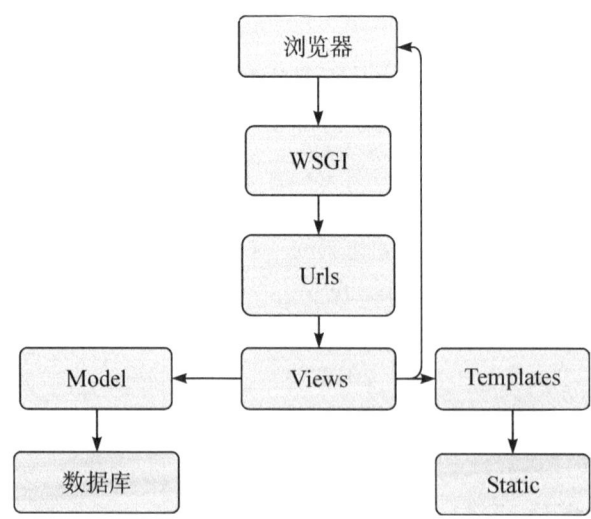

图 6-14 Django 框架图

框架中,WSGI(Web 服务器网关接口)主要作用是接收客户端,如浏览器的请求,然后发送至上层服务;Urls 则是网址入口,关联着 Views 中的函数;Views 处理用户发出的请求，并返回结果；Model 则是对数据库的数据进行相关操作；Templates 存放 html 模版，即界面；而 Static 存放 css、js、图片等一系列静态文件。

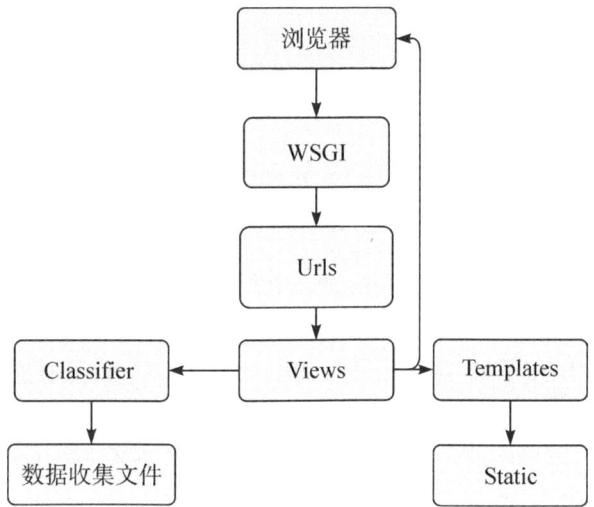

图 6-15 系统框架图

系统基于 Django 的框架图如图 6-15 所示。其中，浏览器对应应用层，代表呈现给用户的一系列界面；Views 对应逻辑层，处理用户发出的请求并返回结果，部分主要的封装方法如图 6-16 所示；Classifier 对应数据处理层，对文本文件进行数据预处理和分类，分类方法如图 6-17 所示。而 Classifier 中所用到的分类模型和 Word2vec 模型，都在迁移模块中基于本课题提出的迁移策略训练得到；而数据集文件对应的是数据层，存放一系列数据。

```
#获取数据集分析后的信息
def get_data_info(dataset):...

#将分析结果以不同形式封装
def get_bar_xAxis(dataset_name_list):...

def get_bar_series(pos_num_list,neg_num_list):...

def calculate_percent(pos_num_list,neg_num_list):...

def get_column_series(dataset_name_list,pos_num_list,neg_num_list):...

def get_pie_series(pos_num_list,neg_num_list):...
```

图 6-16 Views 中主要封装方法

```
#对评价进行分析
def lstm_predict(string):...

#获取数据集列表
def get_dataset_index():...

#加载数据集文件
def load_file(file):...

#文件内容转化为Series类型
def sentences_to_Series(filePath):...
#数据集分析方法
def gen_file_classification(file_path):...
```

图 6-17　Classifier 中主要的分类方法

这里需要说明的是，由于本系统是在文本上基于 GAN 的迁移学习的探索研究的过程在应用上的一个实践，仅是模拟电商系统中评价分析模型的工作过程，因此本系统仅留下接口进行后续数据库的扩展，数据集文件通过文本文件形式保存。

6.4.2.5　应用层实现

在用户输入电子产品评价后，界面将显示评价和分类结果，如图 6-18 所示。

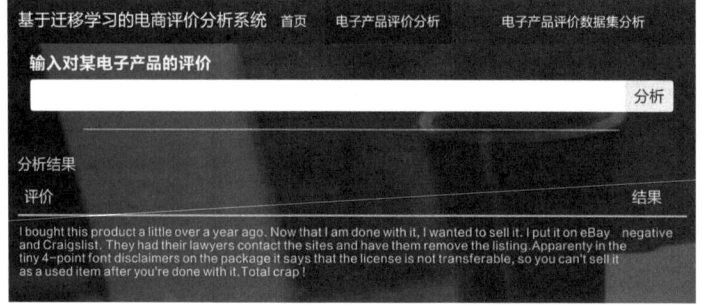

图 6-18　"电子产品评价分析"分析结果显示

在用户选择数据集后，系统分析数据集后以图表形式显示给用户，如图 6-19～图 6-22 所示。

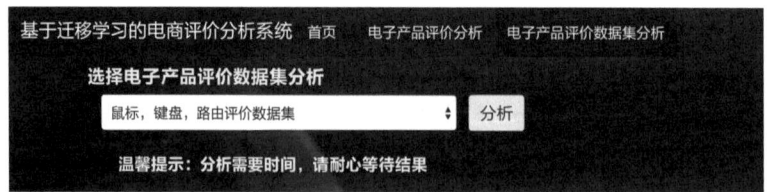

图 6-19　"电子产品评价数据集"数据集选择

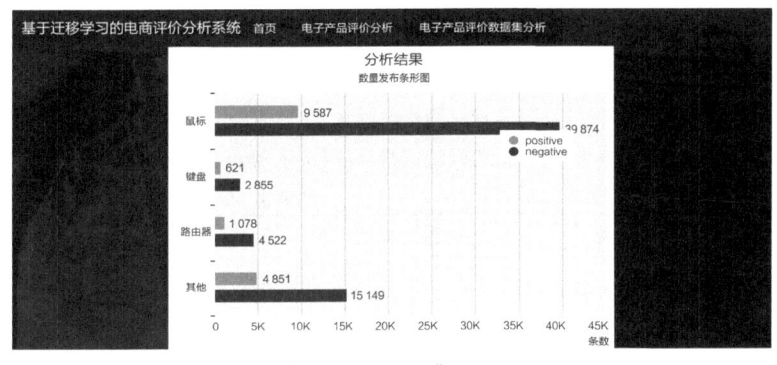

图 6-20 "电子产品评价数据集"分析结果—条形图

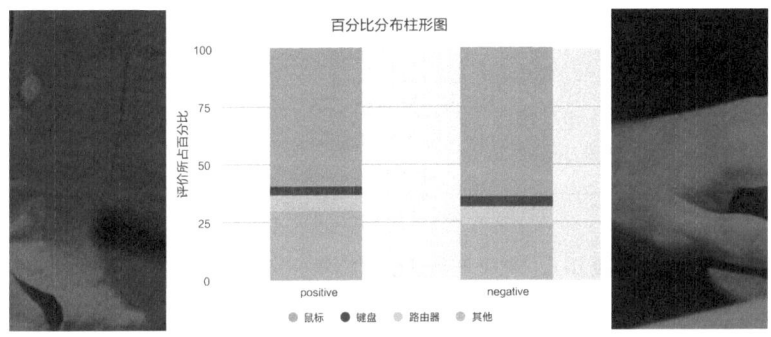

图 6-21 "电子产品评价数据集"分析结果—柱形图

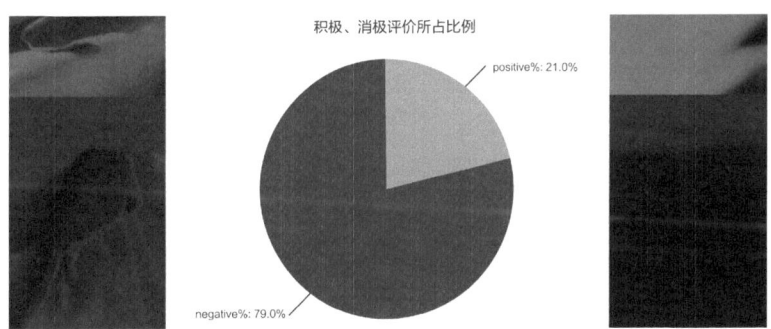

图 6-22 "电子产品评价数据集"分析结果—扇形图

6.4.3 测试

6.4.3.1 系统功能流程测试

本小节通过黑盒测试对系统各个功能流程进行测试，表 6-5、表 6-6 所示为测试用例以及测试结果。

表 6-5 电子产品评价分析测试用例

用例 ID	1	用例名称	电子产品评价分析	
用例描述		输入一句电子产品评价，模型对评价分析后返回结果		
用例入口		打开浏览器，在地址栏输入相应地址，进入电子产品评价分析界面；或通过导航栏进入		
测试用例 ID	场景	测试步骤	预测结果	测试结果
Test1	进入页面	从用例地址进入	页面元素完整，与设计一致	通过
Test2	输入评价，点击分析	输入"the mouse is bad."并点击分析	界面返回评价和测试结果	界面返回结果，显示评价并返回了分析结果"negative"
Test3	进入系统的"首页"	点击上方导航栏中的"首页"一项	跳转到首页界面	通过
Test4	进入系统的"电子产品评价数据集分析"	点击上方导航栏中的"电子评价数据集分析"	跳转到相应界面	通过

表 6-6 电子产品评价数据集分析测试用例

用例 ID	2	用例名称	电子产品评价数据集分析	
用例描述		选择分析的电子产品评价数据集，模型分析后以图表形式展现数据的分布		
用例入口		打开浏览器，在地址栏输入相应地址，进入电子产品评价数据集分析界面；或通过导航栏进入		
测试用例 ID	场景	测试步骤	预测结果	测试结果
Test5	进入页面	从用例地址进入	页面元素完整，与设计一致	通过
Test6	选择分析鼠标，键盘，路由评价组成的数据集分析	选择"鼠标、键盘、路由评价数据集"，点击分析	界面返回数据分布的图表	通过
Test7	选择分析鼠标，键盘，路由和其他电子产品评价组成的数据集分析	选择"鼠标、键盘、路由以及其他电子产品数据集"，点击分析	界面返回数据分布的图表	通过
Test8	选择亚马逊公开电子产品数据集分析	选择"选择亚马逊公开电子产品数据集"，点击分析	界面返回数据分布的图表	通过
Test9	进入系统的"首页"	点击上方导航栏中的"首页"一项	跳转到首页界面	通过
Test10	进入系统的"电子产品评价分析"	点击上方导航栏中的"电子评价分析"	跳转到相应界面	通过

6.4.3.2 系统模型分类效果测试

系统的数据处理层所用到的分类模型和 Word2vec 模型通过迁移模块训练得到。训练中，源领域数据为 10 000 条有标注的亚马逊影视产品评价数据，目标领域数据是 10 000 条有标注的亚马逊电子产品评价数据。通过基于 GAN 的迁移生成了 20 000 条生成数据。最后总计 30 000 条源领域数据加生成数据训练分类器。我们在训练模型时使用 2000 条标注的电子产品评价作为测试集，并通过精度 / 召回率 / 综合评价指标来评估模型的分类效果，如图 6-23 所示。

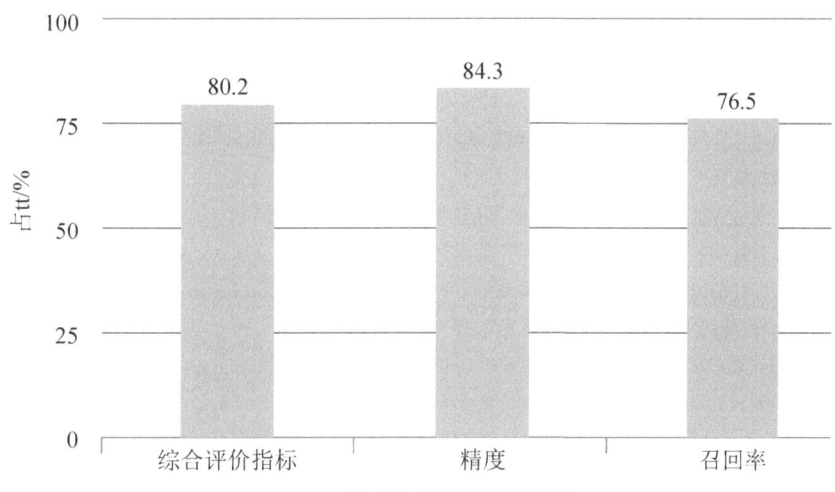

图 6-23　模型分类效果指标结果图

6.5　总结和展望

本章从互联网和电子商务发展迅猛的背景开始介绍。在处理海量数据的过程中，数据的分类是必不可少的。数据的分类往往需要大量标注的数据来训练模型，但现实中，标注数据的工作代价高昂且费时。迁移学习能够很好地解决这个问题，它通过两个相关的领域，实现源领域知识到目标领域的迁移，以减少数据标注的工作。本章提出文本上基于 GAN 的迁移学习策略，进行相关的研究和探索。然后基于本文研究内容，介绍了当前迁移学习、GAN 文本生成、基于 GAN 进行迁移学习的研究现状。

参考文献

[1] BOUSMALIS K, SILBERMAN N, DOHAN D, et al. Unsupervised pixel-level domain adaptation with generative adversarial networks [J]. 2017 IEEE Conference on Computer Vision and Pattern Recognition (CVPR). IEEE, 2017.

[2] YU L T, ZHANG W N, WANG J, et al. SeqGAN: Sequence generative adversarial nets with policy gradient [J]. Proc. AAAI-I7, 2017.

[3] GUO J, LU S, CAI H, et al. Long text generation via adversarial training with leaked information [J]. arXiv: 1709.08624v2 [cs. CL] 8 Dec 2017.

[4] ZHOU Z-H. Learning with unlabeled data and its application to image retrivalp [J]. In: Proc. of the 9th Pacific Rim Int'l Conf. on Artificial Intelligence. Berlin: Springer-Verlag, 2006. 5–10.

[5] PAN J L, YANG Q. A survey on transfer learning [J]. IEEE Trans. on DataEngineering, 2010, 22(10): 1345–1359.

[6] 王坤峰, 荀超, 段艳杰, 等. 生成式对抗网路GAN 的研究进展与展望 [J]. 自动化学报第43 卷第3 期. March 2017.

[7] 李科. 基于多元特征融合和LSTM 神经网络的中文评论情感分析 [D]. 山西: 太原理工大学, 2017.

[8] 安子建. 基于Scrapy 框架的网络爬虫实现与数据抓取分析 [D]. 吉林: 吉林大学, 2017.

[9] MIKOLOV T, CHEN K, CORRADO G, et al. Efficient estimation of wordrepresentations in vector space [J]. In Proceedings of Workshop at ICLR, 2013.

[10] MNIH A, HINTON G. Three new graphical models for statistical languagemodeling [J]. Proceedings of the 24th international conference on Machine learning, pages641–648, 2007.

[11] MCAULEY J, PANDEY R, LESKOVECUCEHUA J. Inferring networks of substitutable and complementary products [J]. KDD, 2015.

[12] KESKAR N S, MUDIGERE D, NOCEDAL J, Mikhail Smelyanskiy, Ping Tak Peter Tang. On large-batch training for deep learning: Generalization gap and sharp minima [J]. ICLR, 2017.

[13] LIU F, ZHANG G Q, LU J. Heterogeneous transfer learning: An unsupervised approach [J]. arXiv: 1701.02511, 2017.

[14] 杨柳, 景丽萍, 于剑. 一种异构直推式迁移学习算法 [J]. 软件学报, 2015, 26(11): 2762–2780.

[15] 庄福振, 罗平, 何清, 等. 迁移学习研究进展 [J]. 软件学报, 2015, 26(1): 26–39.

7 IWKM：大数据应用中高维多视图数据的智能聚类算法

当前，人工智能、移动互联网、社交网络和物联网产生大量的数据，并推动着大数据应用的迅速发展。大数据具有数量、多样性、速度、准确性和价值性等特点，其复杂性和海量性使得传统的数据处理方法已经不能满足需要。在大数据环境中，最具挑战性的问题之一是如何针对各种复杂和大规模的应用程序分析高维多视图数据。高维多视图数据通常由多个特征空间和不同的结构描述，这些特征空间和结构是来自各种资源。例如，一张图片可以使用颜色、纹理、形状和文本四个视图表示。网页通常由三个视图组成：文本视图，其元素包含网页中的单词；图片视图，元素出现在网页中；超链接视图包含指向它们的所有超链接。在医院里，病人的数据集可以分为血液数据视图、基因数据视图、脑脊液数据视图和磁共振图像视图。

通常，多视图数据的聚类是一个 NP 难题，吸引了许多研究人员为各种实际的单词应用提出了不同的聚类算法。在聚类结构中保留了多视图任务的无监督特征选择，并提出了一种交替算法来实现该结构。本章主要研究针对特定数据集的多视图视频人脸聚类问题，提出一种基于信念传播的多视图聚类方法，并对其进行测试，证明该方法特别适用于多个视图的聚类。陈等人提出了一种针对多视图数据的自动两级可变权重聚类（TWKM）算法，该算法可以同时计算视图和单个变量的权重。然而，上述算法主要关注与视图方式相关的问题，而忽略了功能方面的重要性，并且不同视图之间的结果聚类不一致。此外，需要进一步提高多视图聚类算法的性能，以处理大数据应用更复杂的高维数据集。

高维多视图数据的聚类需要多视图来发挥不同的分区作用，这与将所有视图作为一个平面向量集的传统聚类方法完全不同。此外，由于结构复杂、来源不同、规模大等特点，高维多视图数据的聚类更加复杂，对计算平台的性能至关重要。作为大规模数据处理的快速通用引擎，Apache Spark 可为高维多视图数据的聚类提供闪电般的计算平台，实现图像分割、网页类别、医学诊断等各种大数据应用。

Kennedy 和 Eberthart 在 1995 年开发的粒子群优化（PSO）被广泛用于优化各种科学问题并提高解决方案的质量。文献[9]开发了混合量子粒子群优化算法，以优化节能资源配置问题。论文[10]提出一种旋转混沌粒子群优化算法来解决网格工作流的可信调度问题。为了获得良好的收敛性和广泛分布的最优 Pareto 前沿，提供了一种基于混合教学的新型粒子群优化算法来解决多目标优化问题。后来提出了一种受约束的运动粒子群优化算法，以优化用于非线性时间序列回归和预测的支持向量回归自由参数，并提出一种基于粒子群优化算法的物理重定位的替代方法，以最大程度地利用光伏阵列来提取功率。论文［14］提出一种数学模型来分析二进制 PSO 的行为，并从理论和经验的角度分析惯性权重对算法性能的影响。显然，以上的 PSO 变体具有各种优化应用程序的外部性能。与此同时，关于 PSO 算法的理论研究受到了学术界的广泛关注。当前，大数据对于各种优化方法的性能改进具有重要意义，同时也为 PSO 算法带来了机遇和挑战。目前，亟需提出一种新的 PSO 变体，使其能够在 Spark 上高效运行，以针对各种大数据应用优化高维多视图数据的聚类。

本章为解决各种大数据应用中高维多视图数据的聚类问题，提出一种新型的智能加权 k-means（IWKM）算法。在提出的算法中，聚类中心、视图权重和特征权重被编码为粒子表示。聚类模型中还提出了聚类之间的耦合程度，以扩大聚类的差异性。混沌粒子群优化（CPSO）方法用于获得更好的初始聚类中心、视图权重和特征权重。为了评估有效性，在 Apache Spark 和 Single Node 两种不同计算平台上，通过 Rand index（RI）、Jaccard coefficient（JC）和 Folkes Russel（Folk）评价指标，将 IWKM 与 LAC、AP、Ncut、DensityC 和 TWKM 进行了对比。

7.1 相关知识介绍

聚类是在同一个集群中彼此相似且与其他集群中的对象不同的数据对象的集合。给定一个数据对象集 $X=\left[x_{i,j}\right]_{N*D}$，$N$ 是数据对象的数量，D 是数据对象的维度。也就是说，数据对象具有 D 个特征。聚类问题尝试查找 X 的 K 分区。聚类的中心是 $Z=\left[z_{k,j}\right]_{C*D}$。$U=\left[u_{i,k}\right]_{N*C}$ 是模糊除法矩阵，描述对象是某聚类的隶属度。本节提供不同类型的聚类：k-means 聚类算法、加权 k-means 聚类算法、软子空间聚类算法、大数据聚类算法。

7.1.1 k-means 聚类算法和加权 k-means 聚类算法

由于 k-means 聚类算法的简单性和高效，它在图像分割和数据挖掘等实际应用中被广泛使用。k-means 的目标是找到一个分区，根据聚类中心和沿聚类的采样点之间的距离的平方和。在聚类过程中，通过优化目标函数，解决样本划分的任务，函数如下：

$$F(U,Z)=\sum_{k=1}^{C}\sum_{i=1}^{N}\sum_{j=1}^{D}u_{i,k}\left(x_{i,k}-z_{k,j}\right)^2 \tag{7-1}$$

$$\sum_{k=1}^{C}u_{i,k}=1,\ 1\leq i\leq N, u_{i,k}\in\{0,1\} \tag{7-2}$$

式中，U 被定义为分块矩阵，$u_{i,k}$ 是二进制变量。$Z=\{Z_1,Z_2,\cdots,Z_k\}$ 是一组向量，表示 k 个聚类的聚类中心；$\left(x_{i,j}-z_{k,j}\right)^2$ 是第 j 变量上的第 i 个对象与第 k 个聚类的聚类中心之间的距离度量。

在经典的 k-means 聚类算法中,所有特征的权重都相同,在诸如消费者细分之类的聚类问题中,所有特征同等处理。实际上,在许多实际应用中,数据集中不同特征对聚类的影响是不同的,因此有必要为不同特征分配不同的权重。k-means 类型聚类中的自动变量加权是一种加权 k-means 聚类算法,目标函数为:

$$F(U,Z,\mathrm{WF}) = \sum_{k=1}^{C}\sum_{i=1}^{N}\sum_{j=1}^{D} u_{i,k} wf_j^\beta (x_{i,j} - z_{k,j})^2 \quad (7\text{-}3)$$

$$u_{i,k} \in \{0,1\}, \sum_{k=1}^{C} u_{i,k} = 1 \quad (7\text{-}4)$$

$$\sum_{j=1}^{D} wf_j = 1, \quad 0 \le wf_j \le 1 \quad (7\text{-}5)$$

式中,U 被定义为 $n \times k$ 的分块矩阵;$u_{i,l}$ 是二进制变量;$Z = \{Z_1, Z_2, \cdots, Z_k\}$ 是一组向量,表示 k 个聚类的聚类中心;$(x_{i,j} - z_{k,j})^2$ 是第 j 变量上的第 i 个对象与第 k 个聚类的聚类中心之间的距离度量;WF 是特征的权重。

7.1.2 软子空间聚类算法和多视图聚类算法

软子空间聚类算法根据维度在发现相应聚类时的贡献来确定维度子集。维度的贡献是通过在聚类过程中分配给维度的权重来衡量的。加权相异测量聚类是一种软子空间聚类算法,目标函数建模为:

$$F(U,Z,\mathrm{WCF}) = \sum_{k=1}^{C}\sum_{i=1}^{N}\sum_{j=1}^{D} u_{i,k} wcf_{k,j}^\beta (x_{i,j} - z_{k,j})^2 \quad (7\text{-}6)$$

$$\sum_{k=1}^{C} u_{i,k} = 1, \quad 1 \le i \le N, u_{i,k} \in \{0,1\} \quad (7\text{-}7)$$

$$\sum_{j=1}^{D} wcf_{k,j} = 1, \quad 0 \le wcf_{k,j} \le 1 \quad (7\text{-}8)$$

式中,U 被定义为 $n \times k$ 的分块矩阵;$u_{i,l}$ 是二进制变量;$Z = \{Z_1, Z_2, \cdots, Z_k\}$ 是一组向量,表示 k 个聚类的聚类中心;$(x_{i,j} - z_{k,j})^2$ 是第 j 变量上的第 i 个对象与第 k 个聚类的聚类中心之间的距离度量;WCF 是每个聚类中属性的权重。

PROCLUS 是一种具有代表性的软子空间聚类算法,它基于自上而下的搜索策略,通过迭代方法搜索聚类的子空间。论文[15]提出了局部自适应聚类(LAC)算法,该算法为每个聚类中的每个特征分配一个权重。LAC 使用迭代算法最小化其目标函数,但由于最大函数,LAC 的目标函数不可微。在文献[8]中,TWKM 可以同时计算视图和单个变量的权重,但容易导致只对单个特征和单个视图权重较大的聚类,权重分布不均衡。

文献[24]提出了一种具有共聚框架的多视图聚类算法,实验表明,该框架的聚类精度优于单个视图。通过使用数据的多视图信息扩展聚类性能,可以在真实世界的数据集上呈现显示和测试稀疏光谱聚类。基于皮层网络的多视图光谱聚类,提出了一种推断群体一致性大脑网络的新方法,并取得良好的性能。基于约束聚类的多视图算法，可以处理不完整的映射，并处理视图之间的部分映射。文献［28］提出了一种与多视图规范化切割方法相结合的多视图聚类两步算法，并与现有算法进行比较。实验结果表明，该算法在聚类质量和计算效率方面都有明显的优越性，能够解决各种实词数据处理问题。然而，现有的聚类算法主要关注视图之间的关系，在聚类中不能有效地考虑数据集的高维性。因此，本章将重点研究高维多视图聚类，并论证大数据环境下维度和视图的关系。

7.1.3 大数据聚类算法

随着云基础设施、平台和服务的快速发展，大数据分析（BDA）已成为一个热门的研究课题，并在各种大数据应用中发挥着至关重要的作用。对于 BDA 来说，聚类是一种重要的数据挖掘工具。文献［33］回顾了聚类算法在应对大数据挑战方面的发展趋势和进展。从理论和经验角度比较了现有的各种聚类算法，以论证在大数据中运用聚类算法。遗传算法是优化大数据图形聚类和数据聚类之间映射的方法[35]。文献［36］综述了最常用的聚类方法，提出了模糊大数据聚类方法并与其他聚类方法进行了比较，介绍了大数据聚类算法的调查或回顾，但并没有提出大数据聚类的新方法。文献［37］为了消除迭代依赖并获得高性能，提出了一种新型模型 MapReduce 和 k-means 聚类算法来处理大规模数据；为了处理大数据的聚类问题，提出了一种基于经典 k-means 模型的新的聚类算法，并与其他四种流行的数据聚类算法进行比较。文献［39］为大数据应用提供了一种新的电力消费行为动态聚类的方法。文献［40］系统研究了模糊一致性聚类在两个实际应用中的大数据聚类。近年来，大数据聚类备受关注，k-means 算法的变体在实际大数据应用中发挥着重要作用。因此，用于高维多视图聚类的 IWKM 算法是一种主流可靠的方法。Apache Spark 是一个重要的开源集群计算框架，它提供了一个接口，用于使用隐式数据并行和容错对整个集群编程。Spark 的 RDD 是分布式程序的工作集，它可以提供一种有限的分布式共享内存。一般来说，作为海量和并行数据处理的有效框架，MapReduce 由于重复执行作业，重复读取大数据和改组，不适合迭代算法。因此，把 Apache Spark 作为大数据应用的计算平台，并开发了基于 Apache Spark 机器学习库的算法。

7.2 高维多视图数据聚类模式

将 X 划分为具有视图和特征权重的 C 类聚类被建模为以下目标函数的最小化。

$$F(U,Z,WV,WF) = \frac{\sum_{k=1}^{C}\sum_{t=1}^{N}\sum_{j\in V_t} u_{i,k} wv_t wf_j (x_{i,j} - z_{k,j})^2}{\sum_{k=1}^{C}\sum_{t=1}^{T}\sum_{j\in V_t} wv_t wf_j (z_{k,j} - 0_j)^2} \quad (7\text{-}9)$$

$$\begin{cases} \sum_{k=1}^{C} u_{i,k} = 1, \ 1 \leq i \leq N, u_{i,k} \in \{0,1\} \\ \sum_{t=1}^{T} wv_t = 1, \ 0 \leq wv_t \leq 1 \\ \sum_{j \in V_t} wf_j = 1, \ 0 \leq wf_j \leq 1, 0 \leq t \leq T \\ o_j = \sum_{k=1}^{C} z_{k,j} / C \end{cases} \quad (7\text{-}10)$$

式中，$U = [u_{i,k}]_{N \times C}$ 是一个 $N \times C$ 分块矩阵，其中的元素 $u_{i,k}$ 是二进制数据，当 $U_{i,l} = 1$ 表明对象 i 分配给聚类 k。$Z = [z_{k,j}]_{C \times D}$ 是一个 $N \times C$ 矩阵，其元素 $Z_{k,j}$ 表示聚类 k 的第 j 个特征。$WV = [wv_t]_T$ 是 T 视图的权重。$WF = [wf_j]_{j \in V_t}$ 是 V_t 特征的权重。$wv_t wf_j (x_{i,j} - z_{k,j})^2$ 是第 i 个对象与第 k 个聚类中心之间的第 j 个特征的加权距离测量值。$wv_t wf_j (z_{k,j} - o_j)^2$ j 是第 k 个聚类和平均聚类中心之间第 j 个特征的加权距离测量值，O_j 是 C 聚类的平均聚类中心。该值描述聚类之间的耦合程度。值越大，差异越大。

7.3 IWKM 算法

7.3.1 CPSO 和粒子编码

在 IWKM 中，CPSO 被提出用来帮助算法获得更好的初始聚类中心、视图权重和特征权重。每个粒子 i 表示 D 维解空间中的一个候选解，该空间具有两个向量：位置向量 $\boldsymbol{X}_i = [x_i^1, x_i^2, \cdots, x_i^D]$ 和速度向量 $\boldsymbol{V}_i = [v_i^1, v_i^2, \cdots, v_i^D]$。在演化过程中，迭代 $t+1$ 上 d 维的粒子 i 的速度向量和位置向量的更新如下：

$$v_i^d(t+1) = \omega v_i^d(t) + c_1 \cdot r_1 \cdot (p_{\text{Best}i}^d(t) p_i^d(t)) + c_2 \cdot r_2 \cdot (g_{\text{Best}}^d(t) - p_i^d(t)) \quad (7\text{-}11)$$

$$x_i^d(t+1) = x_i^d(t) + v_i^d(t+1) \quad (7\text{-}12)$$

式中，$d = 1, 2, \cdots, D$ 表示搜索空间的每个维度，ω 是惯性权重，c_1 和 c_2 分别是认知学习系数和社会学习系数，r_1 和 r_2 是两个均匀的随机数，范围为 $[0, 1]$，$p_{\text{Best}i}^d(t)$ 是粒子 i 的第 t 次迭代中发现的最佳适合度在维度 d 上的位置，$g_{\text{Best}}^d(t)$ 是整个粒子群在维度 d 上找到的最佳位置。惯性权重通常更新为：

$$\omega = \omega_{\max} - (\omega_{\max} - \omega_{\min}) \times g / g_{\max} \quad (7\text{-}13)$$

式中，$\omega_{\max}$ 和 $\omega_{\min}$ 是初始权重和最终权重，值分别设置为 0.9 和 0.4。g 是当前的演化代数，是代数的最大数，设置为 150。c_1 和 c_2 设置为 1.8。维度 d 上每个粒子的速度都限制在 $[-v_{\max}^d, v_{\max}^d]$ 范围内 $v_{\max}^d \in \Re^+$。因此，如果速度 $v_i^d(t)$ 超过 $v_{\max}^d$，则将其重新分配到

$v_{\max}^d$；否则，速度低于 $-v_{\max}^d$，则将其重新分配到 $-v_{\max}^d$。如果 $v_{\max}^d$ 太大，粒子可能会错过好的解决方案。另一方面，如果 $v_{\max}^d$ 太小，粒子可能会陷入局部最优状态。最大速度 $v_{\max}^d$ 通常设置为搜索范围的20%。

粒子编码是使用粒子群寻找最佳解决方案的前提。在 IWKM 中，初始聚类中心、视图和要素特征的权重被编码为粒子的表示形式。每个粒子都通过维度实数矢量 **F×C+T+F** 进行编码。**F** 是聚类问题中对象的特征数。群中的 ith 粒子被编码为：

$$X_i = \begin{bmatrix} x_i^{1,1}, x_i^{1,2}, \cdots, x_i^{1,F}, \cdots, x_i^{C,1}, x_i^{C,1}, \cdots, x_i^{C,F}, \\ wv_i^1, \cdots, \quad wv_i^T, wf_i^1, \cdots, wf_i^F \end{bmatrix} \quad (7\text{-}14)$$

7.3.2 精确的扰动方法和 CPSO

为了避免局部最优和过早收敛，本章采用了扰动法，通过混沌逻辑对数序列扰动来丰富 CPSO 中粒子的搜索行为。混沌逻辑对数序列扰动具有确定性、遍历性和随机性，可以帮助粒子脱离局部最优，从而取得更好的搜索质量，定义如下：

$$x(t+1) = r \cdot x(t) \cdot (1 - x(t)), r \in N, x(0) \in [0,1] \quad (7\text{-}15)$$

式中，r 是控制参数，x 是变量，$r=4$，$t=0$，1，2.2…。

可以将 CPSO 的精确扰动概括为以下过程的相互作用。

步骤1：合适的扰动粒子。为了减少粒子搜索过程中种群稳定性的破坏和 CPU（Apache Spark 和单节点 single node）的计算负荷，可以通过简单的随机采样方法从 N_S 个粒子中随机选择 N_S/K 粒子作为扰动对象。

步骤2：扰动的精确时间。扰动的时间是粒子群过早收敛的时间。p_{Best} 和 g_{Best} 之间的平均距离用于判断粒子是否处于过早收敛状态，记录为 N_S 和 dim 是集群的粒子数和粒子的尺寸，ε_d 是过早收敛的阈值。如果 $d(p_{Best}, g_{Best}) \leq \varepsilon\_d$，则出现过早收敛和局部最优，然后对 N_S/K 粒子采用适当的扰动。

步骤3：扰动的精确尺寸。由于粒子具有多个维度，因此根据惯性的优先级，优先选择一些具有高惯性的维度进行扰动。在第 j 维上的 p_{Best} 和 g_{Best} 的惯性可以通过均方偏差给出，N_S 和 m 是一个群的粒子数和当前迭代。如果 $sd(p_{Best_j}) \leq \varepsilon\_p_{Best}$ 或者 $sd(g_{Best_j}) \leq \varepsilon\_g_{Best}$，那么第 j 维的 p_{Best} 和 g_{Best} 是惰性的，需要进行扰动。其中 ε_p_{Best} 和 ε_g_{Best} 是 p_{Best} 和 g_{Best} 的惰性阈值。

$$d(p_{Best}, g_{Best}) = \frac{1}{N\_S} \sum_{i=1}^{N\_S} \sqrt{\sum_{j=1}^{\dim} (p_{Best_{ij}}, g_{Best_j})^2} \leq \varepsilon\_d \quad (7\text{-}16)$$

$$sd(p_{Best_j}) = \sqrt{\frac{1}{N\_S} \sum_{i=1}^{N\_S} \left(p_{Best_{ij}} - \frac{1}{N\_S}(p_{Best_{1j}} + p_{Best_{2j}} + \cdots + p_{Best_{N\_Sj}})\right)^2} \leq \varepsilon\_p_{Best} \quad (7\text{-}17)$$

$$sd(g_{Best_j}) = \sqrt{\frac{1}{m-1} \sum_{t=1}^{m-1} (g_{Best_j}(m) - g_{Best_j}(t))^2} \leq \varepsilon\_g_{Best} \quad (7\text{-}18)$$

7.3.3 IWKM 的流程图

IWKM 算法的流程图如图 7-1 所示。

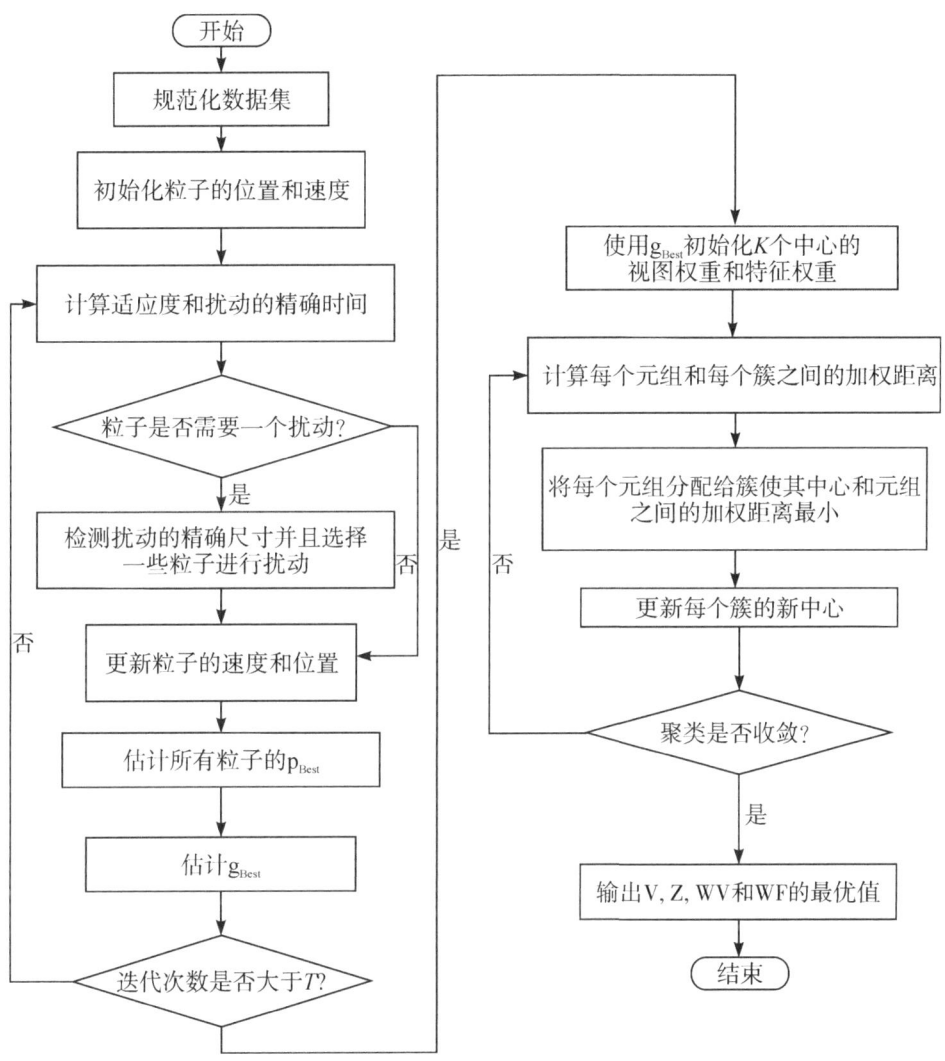

图 7-1　IWKM 算法流程图

7.3.4. Apache Spark 上的 IWKM 算法伪代码

为了验证所提算法在大数据应用中的性能，IWKM 通过弹性分布式数据集（RDD）部署在 Apache Spark 上。Apache Spark 上的 IWKM 伪代码如图 7-2 所示。

```
Input: The number of clusters k, view weights and feature weights
Output: Optimal values of U, Z, WV, and WF
1. Read data from HDFS and create RDD on the Apache Spark;
2. Normalize the data and store it in the caches;
3. Initialize pBest_{ij}, gBest_j, position and velocity of particles;
4. Repeat until iterations t >T;
5. Calculate d(pBest, gBest) according to Eq. (16);
6.   If d(pBest, gBest) ≤ ε_d, then;
7.   Calculate sd(pBest_j) according to Eq. (17);
8.   If sd(pBest_j) ≤ ε_pBest, then precisely perturb pBest_{ij}(t) using
     Eq. (15);
9.   Calculate sd(gBest_j) according to Eq. (18);
10.  If sd(gBest_j) ≤ ε_gBest, then precisely perturb gBest_j(t) using
     Eq. (15);
11. Update the velocity and position of particles;
12. Evaluate all particles pBest;
13. Evaluate gBest;
14. Use gBest to initialize the k centers, view weights and feature
    weights;
15. Repeat until convergence of clustering;
16. Map data objects to the most similar cluster centers;
17. Calculate weighting distance between each tuple and each cluster
    according to wv_t wf_j (x_{i,j} − z_{k,j})^2;
18. Assign each tuple to the cluster which yields the least weighting
    distance between its center and tuple;
```

图 7-2 Apache Spark 上的 IWKM 算法伪代码

7.4 实验评价

7.4.1 测试环境和 Spark

在实验中，IWKM 算法在各种计算环境中进行测试和比较，包括 Apache Spark 和 single node。single node 安装在 Intel Core i5-4210M 2.6Hz，3.8G RAM and 和 ubuntu 14.04LTS 操作系统。

Apache Spark 由一个主节点、十个辅助节点和 Apache Spark 1.6.0 组成。所有节点均配备 Intel Xeon E5-2690@2.9GHz，16G DDRIII and 500G 高效云盘（8 核 /16G/500G）。基于 Apache Spark 机器学习库和 RDD，IWKM 算法可以处理各种大数据应用，获得外部性能，如图 7-3 所示。

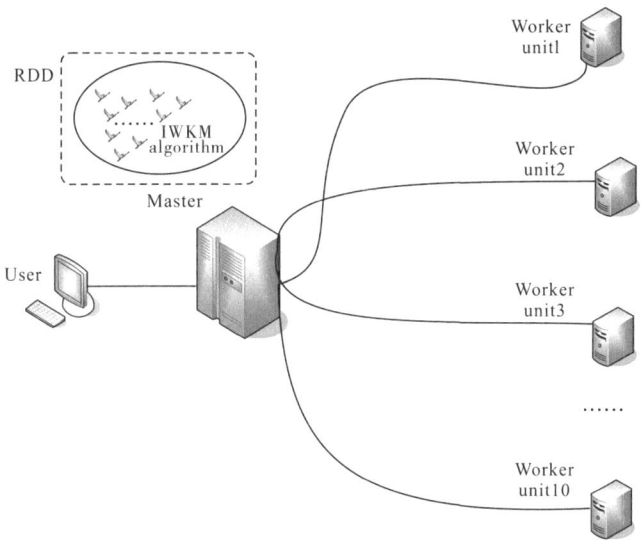

图 7-3　IWKM on the Apache Spark

7.4.2　测试数据集和评估指标

在 5 个不同的数据集和实际应用中测试了 IWKM，包括多特征（Mfeat）数据集、互联网广告数据集、垃圾邮件库数据集、分段数据集和心电图数据集。这些数据集和应用程序的基本信息如表 7-1 所示。为了评估 IWKM 算法的性能，我们还根据 RI、JC 和 Folk 的评估指标，将 IWKM 与 LAC、AP、Ncut、DensityC 和 TWKM 进行比较。PSO 和 CPSO 使用相同的 30 个群体规模和相同数量的 150 个适合度评估（FES）进行公平比较。

表 7-1　数据集特征

ID	数据集名称	数据集个数	类的个数	特征个数	视图个数	单个类的大小	计算平台
1	多聚类视图	2000	10	649	6	（200, 200, …, 200）	单节点
2	互联网广告	2359	2	1557	6	（381, 1978）	单节点
3	垃圾邮件	4601	2	57	3	（2788, 1813）	单节点
4	图像分割	2310	7	19	2	（330, 330, …, 330）	机器学习初级教程（10 结点）
5	分娩心电图描记法	2126	3	21	3	（1655, 295, 176）	机器学习初级教程（10 结点）

1. Mfeat 数据集

Mfeat 数据集是从荷兰实用工具地图集合中提取的手写数字数据集，其中包含 10

个类（0～9）的 2000 个数字对象。每个类有 200 个对象。每个对象由 649 个特征表示，这些特征分为以下 6 个视图，即 Mfeat-fou 视图、Mfeat-fac 视图、Mfeat-kar 视图、Mfeat-pix 视图、Mfeat-zer 视图和 Mfeat-mor 视图。① Mfeat-fou 视图：包含字符形状的 76 个傅里叶系数；② Mfeat-fac 视图：包含 216 个配置文件相关性；③ Mfeat-kar 视图：包含 64 个 Karhunen-Love 系数；④ Mfeat-pix 视图：包含 240 像素平均值 n2x3 窗口；⑤ Mfeat-zer 视图：包含 47 个 Zernike 时刻；⑥ Mfeat-mor 视图：包含 6 种形态特征。在这里，使用 View1、View2、View3、View4、View5 和 View6 来表示这六个视图。

2. Internet Advertisement 数据集

Internet Advertisement 数据集包含来自各种网页的 3279 张图片，这些图片被归类为广告或无广告，并且有 20 张图像缺少值。实验在 3259 个实例上进行，删除了缺少值的实例。实例在六个视图中描述。视图 1：包含 3 种图像几何现状（宽度、高度、长宽比）；视图 2：在包含图片的页面网址（基本网址）中包含 457 个词组；视图 3：包含 495 个图像 URL 的短语（图像 URL）；视图 4：图片所指向的页面网址（目标网址）中包含 472 个词组；视图 5：包含 111 个锚文本；视图 6：包含 19 个文本的图片 alt（替代）html 标签（alt 文本）。

3. Spambase 数据集

Spambase 数据集，其垃圾邮件的收集来自邮局主管，具有现场垃圾邮件的个人，非垃圾邮件的收集来自现场工作和个人电子邮件，它包含 4601 个属于 2 类的对象（"垃圾邮件""非垃圾邮件"）。每个对象由 57 个特征表示，这些特征分为 3 个视图，即 word-freq 视图、char-freq 视图和 capital-run-length 视图。

（1）word_freq 视图：包含 48 个 word_freq_WORD 类型的连续实数属性。

（2）char_freq 视图：包含 6 个 char_freq_CHAR 类型的连续实数属性。

（3）capital_run_length 视图：包含 3 个连续实数属性，用于测量连续大写字母序列的长度。

4. Image Segmentation 数据集

在此数据集中，从包含 7 张户外图像的数据库中随机抽取了 2310 个实例。图像是手工分割的，以创建每个像素的分类。每个实例都是一个 3×3 区域。数据集包括 19 个特征，可分为 2 个视图：形状视图包含 9 个有关形状信息的特征，RGB 视图包含 10 个有关颜色信息的特征。

5. Cardiotocography 数据集

CTG 由三名产科专家分类，并为他们每个人分配了共识标签。分类既涉及形态模式（A，B，C……）还与胎儿状态（N，S，P）有关。因此，数据集可用于 10 类或 3 类实验。在此实验中，它用作 3 类数据集。在数据集中，21 个特征可分为 3 个视图：每秒指标视图、可变性视图和直方图视图。

7.4.3 评估指标

由于已经为实验选择了五个数据集的实际分区，因此可以通过将生成的聚类与外部结构按照外部标准进行比较来评估聚类算法的性能。一些常用的标准包括 RI、JC 和 Folk。令 $C = \{C_1, C_2, \cdots, C_M\}$ 为数据集中的 M 个聚类的集合，而 $C' = \{C'_1, C'_2, \cdots, C'_N\}$ 的集合为聚类算法生成的 N 个聚类。给定数据集中的一对点 (X_i, X_j)，将其引用如下：

（1）SS 是数据点对的数量，其中 $X_i, X_j \in C_m, X_i, X_j \in C'_n, i \neq j$。

（2）DD 是数据点对的数量，其中 $X_i \in C_{m1}, X_j \in C_{m2}, X_i \in C'_{n1}, X_j \in C'_{n2}, i \neq j, m1 \neq m2, n1 \neq n2$。

（3）SD 是数据点对的数量，其中 $X_i, X_j \in C_m, X_i \in C'_{n1}, X_j \in C'_{n2}, i \neq j, n_1 \neq n_2$。

（4）DS 是数据点对的数量，其中 $X_i \in C_{m1}, X_j \in C_{m2}, i \neq j, X_i, X_j \in C'_n, i, \neq m_1 \neq m_2$。

实验中使用的三个外部标准可以定义如下，值越大表示和的相似性越高。

（1）Rand index（RI）：
$$RI = (SS + DD) / (SS + SD + DS + DD)$$

（2）Jaccard coefficient（JC）：
$$JC = SS / (SS + SD + DS)$$

（3）Folkes Russel（Folk）：
$$Folk = \sqrt{\frac{SS}{SS + SD}} \times \sqrt{\frac{SS}{SS + DS}}$$

7.4.4 参数分析

为了分析 3 个参数（ε_d、ε_g_{Best} 和 ε_p_{Best}）对高维多视图数据的聚类性能的影响，在 single node 上对 3 个数据集（Mfeat 数据集、Internet Advertisement 数据集和 Spambase 数据集）进行了测试。为了减少统计误差，每个测试实例的所有数据集都独立模拟了 10 次。

参数 ε_d 是过早收敛的阈值。在 Mfeat 和垃圾邮件数据集上设置 ε_d 在 [5, 45] 之间步长为 5。在互联网上广告数据集设置在 [2, 20] 之间步长为 3。关于它们的平均评估指标的统计结果如图 7-4 所示。从图 7-4 可以看出，当 ε_d 的选择为 25、8、30 时，IWKM 算法在 single node 上的 3 种不同数据集种具有最佳的聚类性能。参数 ε_g_{Best} 和 ε_p_{Best} 是尺寸惯性的阈值，用于测量每个维度中位置是否发生了可察觉的变化。参数 ε_g_{Best} 和 ε_p_{Best} 在三个数据集的分析类似。关于它们的平均评估指标的统计结果分别在图 7-5 和图 7-6 中显示。当参数 ε_g_{Best} 设置为 5、5.0E-5 和 5.0E-4，并且参数 ε_p_{Best} 分别设置为 3.0E-6、3.0E-5 和 0.03 时，在 single node 的 3 个数据集中 IWKM 算法的聚类性能最好。因为 JC 和 RI 的值几乎相等，所以在 Spambase 数据集中，JC 和 RI 的曲线是重叠的。因此，根据参数分析的结果，选择最佳参数值 ε_d、ε_g_{Best} 和 ε_p_{Best} 并在接下来的实验中进行测试。

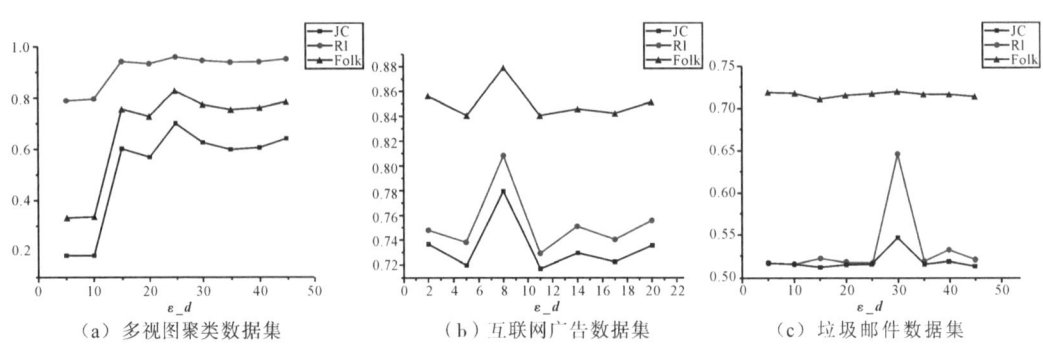

图 7-4　single node 上 3 种不同高维多视图数据集的参数 ε_d 分析

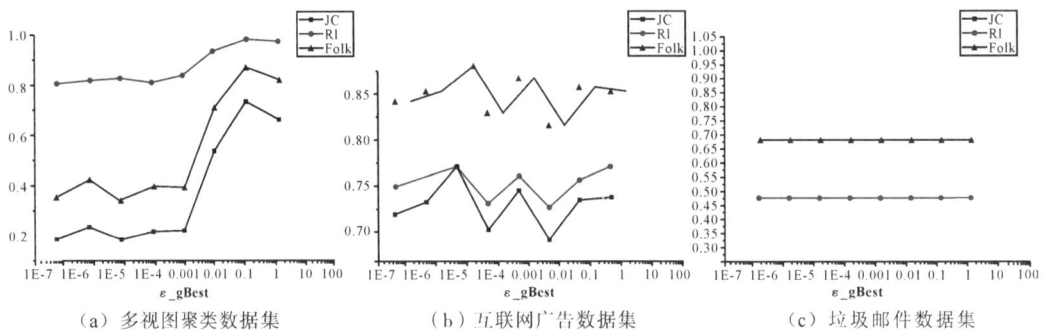

图 7-5　single node 上 3 种不同高维多视图数据集的参数 ε_g_{Best} 分析

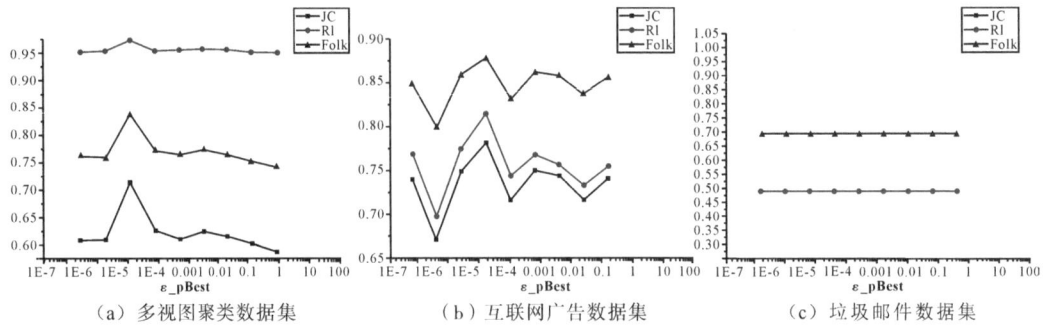

图 7-6　single node 上 3 种不同高维多视图数据集的参数 ε_p_{Best} 分析

7.4.5　PSO 与 CPSO 对比实验

为了验证 CPSO 的性能，以优化 IWKM 中的集群中心，视图权重和特征权重，在 single node 上的三个高维多视图数据集中测试了 CPSO 和 PSO。数据集由 CPSO 和 PSO 运行 10 次，并且记录了各种算法的平均结果并在图 7-7 中进行了比较。在 CPSO 中，为了提高优化性能，提出一种精确的扰动方法，包括合适的扰动粒子、精确的扰动时间和扰动维数。从图 7-7 可以看出，CPSO 可以在所有三个高维多视图数据集中获得更好的精度，并更早的得到最优解。显然，CPSO 在 IWKM 集群方面的性能要优于 PSO。

因此，可以得出结论，CPSO 作为一种重要的优化方法，可以帮助 IWKM 算法在高维多视图数据中获得更好的初始聚类中心，视图权重以及特征权重。

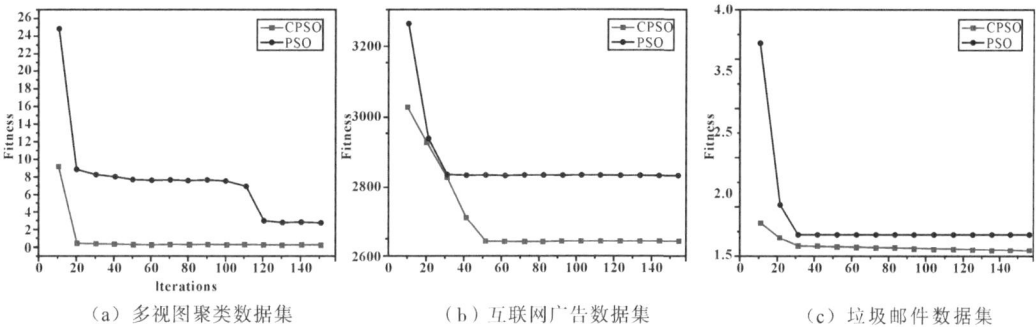

图 7-7 PSO 和 CPSO 在 single node 上的 3 个不同的高维多视图数据集的性能比较

7.4.6 聚类结果和分析

7.4.6.1 IWKM 和 TWKM 之间的视图权重比较

为了进一步评估获取视图权重的性能，分别在 Apache Spark 和 single node 上测试了 TWKM 和 IWKM 在五个不同的高维多视图数据集上的性能。两种算法分别运行数据集 10 次，并将 IWKM 和 TWKM 的平均结果记录在表 7-2 中进行了比较。显然，IWKM 和 TWKM 可以在 Apache Spark 和 single node 上获得 5 种高维多视图数据集的有效权重。特别是在互联网广告（单节点）和图像分割（Apache Spark）两个数据集中，TWKM 和 IWKM 在获取视图权重方面具有相似的性能。然而，在其他数据集中，IWKM 在 Apache Spark 和 single node 上可以获得比 TWKM 更好、更合理的视图权重。此外，图 7-8 给出了带有单个节点的三个数据集上的 TWKM 和 IWKM 视图权重的饼图。从图 7-8 中可以看到，TWKM 计算的视图权重通常集中在一个视图上，这与现实应用不符。IWKM 计算的权重比 TWKM 更合理，特征权重也相同。因此，可以得出结论，在获取视图权重方面，IWKM 具有更好的性能。

表 7-2 TWKM 和 IWKM 计算的视图权重

数据集名称	TWKM 计算的权重	IWKM 计算的权重
多视图聚类	1.66665E-6	0.23424
	1.66665E-6	0.23358
	1.66665E-6	0.25141
	1.66665E-6	0.01263
	1.66665E-6	0.09903
	0.99999	0.16911

（续表）

数据集名称	TWKM 计算的权重	IWKM 计算的权重
互联网广告	1.66666E−6 0.20205 0.21539 0.19255 0.16216 0.22784	0.11030 0.16166 0.12580 0.29347 0.30720 0.00157
垃圾邮件	0.99999 3.33331E−6 3.33331E−6	0.58757 0.06495 0.34748
图像分割	0.4684598 0.5315402	0.44744640 0.55255359
分娩心电图描记法	9.999933e−01 3.333311e−06 3.333311e−02	0.1592640 0.4687741 0.3719617

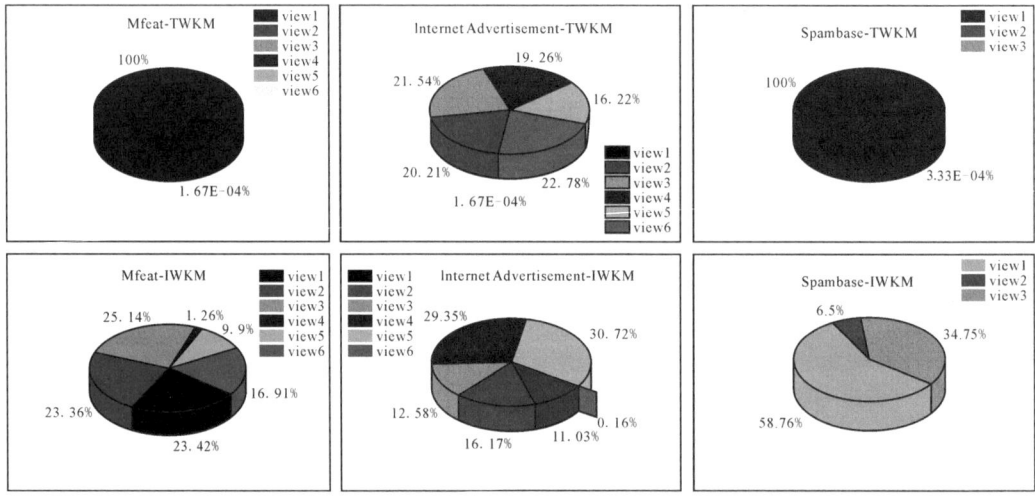

图 7-8 在 single node 上 3 个不同高维多视图数据集中比较 TWKM 和 IWKM 之间的视图权重

7.4.6.2 IWKM 与其他五种算法的综合比较

根据前面的测试和验证（例如第 7.4.4 节参数分析），接下来的实验设置了六种聚类算法的参数值，如表 7-3 所示。为了进一步验证所提算法在大数据应用中的综合性能，在两个不同的计算平台 Apache Spark 和 single node 上利用 5 个真实数据集（高维多视图），通过评估指标 RI、JC、Folk，将 IWKM 与 LAC、AP、Ncut、DensityC 和 TWKM 进行了比较。

7 IWKM：大数据应用中高维多视图数据的智能聚类算法

表 7-3 在 5 个真实数据集上进行的实验 6 种聚类算法的参数值

Algorithm	Mfeat	Internet Advertisement	Spambase	Image Segmentation	Cardiotocography
LAC（h）	2	2	14	2	5
AP（λ，p）	（0.9，2.7）	（0.9，60.0）	（0.9，12.0）	（0.9，-4.7）	（0.9，-24）
Ncut（e）	1.0E-8	1.0E-8	1.0E-8	1.0E-8	1.0E-8
DensityC（p）	1.6	1.4	1.9	1.7	1.5
TWKM（λ，η）	（30，7）	（80，25）	（53，18）	（70，40）	（40，18）
IWKM（ε_d，ε_gBest，ε_pBest）	（25.0，0.5，3.0E-6）	（8.0，5.0E-5，3.0E-5）	（30.0，5.0E-4，0.03）	（20.0，5.0，3.0E-5）	（20，5.0，3.0）

在实验中，使用视图数量和特征数量的乘积被用来描述高维多视图数据的复杂性，记录器为 pro_{f*v}。产品越大，高维多视图数据越复杂。在表 7-5-1 中，根据 pro_{f*v} 的价值，Mfeat 数据集（特征：649，视图：6，$\mathrm{pro}_{f*v}=649\times6=3894$）和 Internet Advertisement 数据集（特征：1557，视图：6，$\mathrm{pro}_{f*v}=1557\times6=9342$）比 Spambase 数据集（特征：57，视图：3，$\mathrm{pro}_{f*v}=57\times3=171$）、Image Segmentation 数据集（特征：19，视图：2，$\mathrm{pro}_{f*v}=19\times2=38$）和 Cardiotocography 数据集（特征：21，视图：3，$\mathrm{pro}_{f*v}=21\times3=63$）更为复杂。

表 7-4 总结了 IWKM 在 Apache Spark 和 single node 上与其他五种算法的综合比较。比较它们的平均结果（10 倍）和标准差，以减少统计误差。从这些结果中，可以看到，IWKM 明显优于其他 5 种算法在 Mfeat（$\mathrm{pro}_{f*v}=3894$）和 Internet Advertisement（$\mathrm{pro}_{f*v}=9342$）数据集中。IWKM 在 Spambase（$\mathrm{pro}_{f*v}=171$）数据集中的表现优于 TWKM 和 DensityC 算法，但 AP 在 Mfeat 数据集中表现生成最差的结果。DensityC 和 IWKM 都获得比 Lac、AP、Ncut 和 Twkm 更好的结果在，Mfeat（$\mathrm{pro}_{f*v}=3894$）数据集中。AP、TWKM 和 IWKM 在 Internet Advertisement（$\mathrm{pro}_{f*v}=9342$）数据集中优于 LAC、Ncut 和 DensityC 算法。LAC 明显优于其他五种算法，包括 IWKM 在 Spambase 数据集中，但 Spambase 数据集（$\mathrm{pro}_{f*v}=171$）的复杂性低于 Mfeat（$\mathrm{pro}_{f*v}=3894$）和 Internet Advertisement（$\mathrm{pro}_{f*v}=9342$）数据集。因此，可以得出结论，在这些复杂数据集中，IWKM 在单个节点上具有更多视图和更高维度（Mfeat 和互联网广告数据集），性能优于其他五种算法。

表 7-4 在上的 3 种高维多视图数据集中 IWKM 与其他 5 种算法平均结果和标准偏差比较

Data sets		LAC	AP	Ncut	DensityC	TWKM	IWKM
Mfeat	RI	0.9344 ± 0.0000	0.8931 ± 0.0000	0.9317 ± 0.0065	0.9578 ± 0.0000	0.9456 ± 0.0000	0.9586 ± 0.0118
	JC	0.5365 ± 0.0000	0.3510 ± 0.0000	0.4959 ± 0.0342	0.6720 ± 0.0000	0.5937 ± 0.0000	0.6820 ± 0.0719
	Folk	0.6988 ± 0.0000	0.5226 ± 0.0000	0.6625 ± 0.0301	0.8060 ± 0.0000	0.7467 ± 0.0000	0.8116 ± 0.0466
Internet Advertisement	RI	0.7154 ± 0.0000	0.8124 ± 0.0000	0.6803 ± 0.0016	0.6996 ± 0.0000	0.8131 ± 0.0000	0.8179 ± 0.0132
	JC	0.7055 ± 0.0000	0.7785 ± 0.0000	0.6151 ± 0.0026	0.6974 ± 0.0000	0.7792 ± 0.0000	0.7858 ± 0.0088
	Folk	0.8322 ± 0.0000	0.8759 ± 0.0000	0.7646 ± 0.0017	0.8293 ± 0.0000	0.8764 ± 0.0000	0.8809 ± 0.0043

（续表）

Data sets		LAC	AP	Ncut	DensityC	TWKM	IWKM
Spambase	RI	0.7112 ± 0.0000	0.5527 ± 0.0000	0.5616 ± 0.0000	0.5209 ± 0.0000	0.5208 ± 0.0000	0.5225 ± 0.0003
	JC	0.5893 ± 0.0000	0.4797 ± 0.0000	0.4611 ± 0.0000	0.5196 ± 0.0000	0.5194 ± 0.0000	0.5222 ± 0.0002
	Folk	0.7397 ± 0.0000	0.6590 ± 0.0000	0.6358 ± 0.0000	0.7194 ± 0.0000	0.7192 ± 0.0000	0.7225 ± 0.0003
Image Segmentation @Spark	JC	0.3252 ± 0.0000	0.2254 ± 0.0000	0.3038 ± 0.0000	0.2573 ± 0.0000	0.2996 ± 0.0000	0.2297 ± 0.0065
	RI	0.5319 ± 0.0000	0.8110 ± 0.0000	0.8974 ± 0.0000	0.5388 ± 0.0000	0.8252 ± 0.0000	0.8047 ± 0.0103
	Folk	0.5055 ± 0.0000	0.3682 ± 0.0000	0.4706 ± 0.0000	0.4115 ± 0.0000	0.4645 ± 0.0000	0.3750 ± 0.0036
Cardiotocography @Spark	JC	0.3854 ± 0.0000	0.3067 ± 0.0000	0.1886 ± 0.0000	0.3535 ± 0.0000	0.3897 ± 0.0000	0.3984 ± 0.0000
	RI	0.5408 ± 0.0000	0.5034 ± 0.0000	0.4346 ± 0.0000	0.4617 ± 0.0000	0.5086 ± 0.0000	0.5576 ± 0.0210
	Folk	0.5705 ± 0.0000	0.4885 ± 0.0000	0.3721 ± 0.0000	0.5262 ± 0.0000	0.5656 ± 0.0000	0.5854 ± 0.0054

在 Apache Spark 上，IWKM 优于 Cardiotocography 数据集（$\text{pro}_{f*v} = 63$）中的其他算法。但在 Image Segmentation（$\text{pro}_{f*v} = 38$）中，Ncut 和 TWKM 的性能优于 IWKM。由于 Cardiotocography 数据集（$\text{pro}_{f*v} = 63$）比 Image Segmentation 数据集（$\text{pro}_{f*v} = 38$）更复杂。显然，无论使用 Apache Spark 还是 single node，高维多视图数据集越复杂，IWKM 的性能越好。总之，IWKM 可以有效地处理大数据应用中高维多视图数据集的聚类问题。同时，在 Apache Spark 和 single node 上，IWKM 算法在视图多、维数高的复杂数据集中优于其他五种算法。

7.5 总结

在本章中，针对大数据应用中的高维多视图数据提出了一种新型的智能加权聚类算法。在 IWKM 算法中，加权距离函数中使用了不同的视图和特征权重来确定对象的聚类。然后通过 CPSO 计算初始聚类中心、视图权重和特征权重，并通过精确扰动 gBest 和 pBest 来改进该权重。在聚类模型中还设计了集群聚类之间的耦合程度，以扩大聚类的差异性。在 Apache Spark 和 single node 两个不同的计算平台上的五个高维多视图数据集中测试了 IWKM 和其他五种算法。实验结果证明了该算法在各种大数据应用中的有效性。

预计这个方法将对各种大数据应用中的高维多视图数据的聚类产生影响。未来将致力于为高维多视图数据的聚类提供转移学习和生成式对抗网络（GAN），以解决异构数据集中高维多视图数据的聚类问题。

参考文献

[1] WALKER S J. Big data: A revolution that will transform how we live, work, and think[J]. International Journal of Advertising the Review of Marketing Communications, 2014.

[2] DING L L, LIU Y, HAN B S, et al. HB-File: An efficient and effective high-dimensional big data storage structure based on US-ELM[J]. Neurocomputing, 2017, 261(oct. 25): 184–192.

[3] LI H, DONG M X, OTA K et al. Pricing and repurchasing for big data processing in multi-clouds[J]. IEEE Transactions on Emerging Topics in Computing, 2017, 4(2): 266–277.

[4] NICHOLSON M. Genetic Algorithms and grouping problems[J]. Software Practice and Experience, 1998, 28(10): 1137–1138.

[5] SHI H. LI Y, HAN Y et al. Cluster structure preserving unsupervised feature selection for multi-view tasks[J]. Neurocomputing, 2015, 175(PA): 686–697.

[6] CAO X C, ZHANG C Q, ZHOU C J, et al. Constrained multi-view video face clustering[J]. IEEE Transactions on Image Processing, 2015, 24(11): 4381–4393.

[7] WANG C-D, LAI J-H, YU P S. Multi-view clustering based on belief propagation[J]. IEEE Transactions on Knowledge and Data Engineering, 2015, 28(4): 1–1.

[8] CHEN X J, XU X F, HUANG J, et al. TW-k-means: automated two-level variable weighting clustering algorithm for multiview data[J]. IEEE Transactions on Knowledge and Data Engineering, 2013, 25(4): 932–944.

[9] XU L, QIAN F, LI Y P, et al. Resource allocation based on quantum particle swarm optimization and RBF neural network for overlay cognitive OFDM System[J]. Neurocomputing, 2016, 173(3): 1250–1256.

[10] TAO Q, CHANG H Y, YI Y, et al, Wen-jie Li. Arotary chaotic PSO algorithm for trustworthy scheduling of a grid workflow[J]. Computers & Operations Research, 2011, 38(5): 824–836.

[11] CHENG T L, CHEN M Y, FLEMING P J, et al. Anovel hybrid teaching learning based multi-objective particle swarm optimization[J]. Neurocomputing, 2017, 222(26): 11–25

[12] SANKAR R, SAPANKEVYCH N. Nonlinear Time Series Prediction Performance Using Constrained Motion Particle Swarm Optimization[J]. Transactions on Machine Learning and Artificial Intelligence, 2017, 5: 25.

[13] THANIKANTI S B, KUMAR P R J, DRAGICEVIC T, et al. Particle swarm optimization based solar PV array reconfiguration of the maximum power extraction under partial shading conditions[J]. IEEE Transactions on Sustainable Energy, 2017: 1–1.

[14] LIU J H, MEI Y, LI X D. An Analysis of the Inertia Weight Parameter for Binary Particle Swarm Optimization[J]. IEEE Trans. Evolutionary Computation, 2016, 20: 666–681.

[15] DOMENICONI C, GUNOPULOS D, MA S, et al. Locally adaptive metrics for clustering high dimensional data[J]. Data Mining and Knowledge Discovery, 2007, 14: 63–97.

[16] FREY B J, DUECK D. Clustering by passing messages between data points[J]. Science, 2017, 315: 972–976.

[17] SHI J B, MALIK J M. Normalized cuts and image segmentation[J]. IEEE Transactions on pattern analysis and machine intelligence, 2000, 22: 888–905.

[18] MEHMOOD R, ZHANG G Z, BIE R F, et al. Clustering by fast search and find of density peaks via heat diffusion[J]. Neurocomputing, 2016, 208: 210–217.

[19] MACQUEEN J B. Some methods for classification and analysis of multivariate observations[C] // Proceedings of the Fifth Berkeley Symposium on Mathematical Statistics and Probability, 1967. University of California Press, 1967: 281-297.

[20] LI H Y, HE H Z, WEN Y G. Dynamic particle swarm optimization and K-means clustering algorithm for image segmentation[J]. Optik -International Journal for Light and Electron Optics, 2015, 126(24): 4817-4822.

[21] HUANG J Z, NG M K, RONG H Q, et al. Automated variable weighting in k-means type clustering[J]. IEEE Transactions on Pattern Analysis and Machine Intelligence, 2005, 27: 657-668.

[22] CHAN E Y, CHING W-K, NG M K, et al. An optimization algorithm for clustering using weighted dissimilarity measures[J]. Pattern recognition, 2004, 37: 943-952.

[23] AGGARWAL C C, WOLF J L, YU P S, et al. Fast algorithms for projected clustering[C] // Proc Acm Sigmod International Conference on Management of Data, 1999: 61-72.

[24] HUSSAIN S F, BASHIR S. Co-clustering of multi-view datasets[J]. Knowledge and Information Systems, 2016, 47: 545-570.

[25] LU C Y, YAN S C, LIN Z C. Convex sparse spectral clustering: Single-view to multi-view[J]. IEEE Transactions on Image Processing, 2016, 25: 2833-2843.

[26] CHEN H B, LI K M, ZHU D J, et al. Inferring group-wise consistent multimodal brain networks via multi-view spectral clustering[J]. Med Image Comput Comput Assist Interv, 2013, 32(9): 1576-1586.

[27] EATON E, JARDINS M D, JACOB S. Multi-view constrained clustering with an incomplete mapping between views[J]. Knowledge and information systems, 2014, 38: 231-257.

[28] FATEH C N. Multi-view clustering via spectral partitioning and local refinement[J]. Information Processing & Management, 2016, 52: 618-627.

[29] LIU C B, LI K L, LI K Q. Minimal Cost Server Configuration for Meeting Time-Varying Resource Demands in Cloud Centers[J]. IEEE Transactions on Parallel & Distributed Systems, 2018: 1-1.

[30] LIU C B, LI K L, XU C Z, et al. Strategy configurations of multiple users competition for cloud service reservation[J]. IEEE Transactions on Parallel & Distributed Systems, 2016, 27(2): 508-520.

[31] LI K L, LIU C B, LI K Q, Albert Y. Zomaya. A framework of price bidding configurations for resource usage in cloud computing[J]. IEEE Transactions on Parallel and Distributed Systems, 2016, 27: 2168-2181.

[32] LIU C B, LI K L, LI K Q. Agame approach to multi-servers load balancing with load-dependent server availability consideration[J]. IEEE Transactions on Cloud Computing, 2018.

[33] SHIRKHORSHIDI A S, AGHABOZORGI S, WAH T Y, et al. Big data clustering: a review[C] // International Conference on Computational Science and Its Applications, Springer, Cham, 2014: 707-720.

[34] FAHAD A, ALSHATRI N, TARI Z, et al. Asurvey of clustering algorithms for big data: Taxonomy and empirical analysis[J]. IEEE transactions on emerging topics in computing, 2014, 2: 267-279.

[35] HAJEER M H, DASGUPTA D. Distributed genetic algorithm to big data clustering[C] //Computational Intelligence (SSCI), 2016 IEEE Symposium Series, 2016: 1-9.

[36] ABDELKARIM B A, MOHAMED B H, ADEL M A. Survey on clustering methods: Towards fuzzy clustering for big data[C] //Soft Computing and Pattern Recognition (SoCPaR), 2014 6th International Conference of, 2014: 331-336.

[37] CUI X L, ZHU P F, YANG X, et al. Optimized big data K-means clustering using MapReduce[J]. The

Journal of Supercomputing, 2014, 70: 1249–1259.

[38] KUMAR D, BEZDEK J C, PALANISWAMI M, et al, A hybrid approach to clustering in big data[J]. IEEE transactions on cybernetics, 2016, 46: 2372–2385.

[39] WANG Y, CHEN Q X, KANG C Q, et al. Clustering of electricity consumption behavior dynamics toward big data applications[J]. IEEE transactions on smart grid, 2016, 7: 2437–2447.

[40] WU J J, WU Z, CAO J, et al. Fuzzy consensus clustering with applications on big data[J]. IEEE Transactions on Fuzzy Systems, 2017, 25: 1430–1445.

[41] CHEN J G, LI K L, TANG Z, et al. A parallel random forest algorithm for big data in a spark cloud computing environment[J]. IEEE Transactions on Parallel & Distributed Systems, 2017, 1–1.

[42] YANG W D, LI K L, MO Z Y, et al. Performance optimization using partitioned SpMV on GPUs and multicore CPUs[J]. IEEE Transactions on Computers, 2015, 64: 2623–2636.

[43] TANG Z, LIU M, AMMAR A, et al. An optimized MapReduce workflow scheduling algorithm for heterogeneous computing[J]. The Journal of Supercomputing, 2016, 72: 2059–2079.

[44] OBAIAHNAHATTI B G, KENNEDY J. A new optimizer using particle swarm theory[C]// Micro Machine and Human Science, 1995. MHS '95. Proceedings of the Sixth International Symposium on. 1995: 39–43.

[45] LI L L, HE X S. Gaussion mutation Particle Swarm Optimization with dynamic adaptation inertia weight[J]. World Congress on Software Engineering, 2009: 454–459.

[46] PENG G, FANG Y W, CHAI D, et al. Multi-objective particle swarm optimization algorithm based on sharing-learning and Cauchy mutation[C]// Control Conference (CCC), 2016 35th Chinese, 2016: 9155–9160.

[47] DU K-L, SWAMY M. Particle swarm optimization[J]. Search and optimization by metaheuristics, ed: Springer, 2016, 153–173.

[48] LIU B, WANG L, JIN Y-H, et al. Improved particle swarm optimization combined with chaos[J]. Chaos Solitons & Fractals, 2005, 25(5): 1261–1271.

[49] FRANK A, ASUNCION A, UCI Machine Learning Repository [http://archive.ics.uci.edu/ml]. Irvine, CA: University of California[J]. School of information and computer science, 2010, 213: 22.

8 大数据驱动的农产品供应链管理：可信赖的调度优化方法

随着创新技术的飞速发展，供应链系统在各种业务场景下生成不同格式的海量数据。以大数量、多种类、快速度、高准确性和高价值为特征的大数据技术已被证明对改善供应链管理有积极作用。在大数据环境中，农产品供应链（APSC）是一个由组织、人员、活动、信息和资源组成的系统，它涉及将农产品从种植和生产基地转移到客户的整个过程。APSC调度以找到最优位置，确定最佳分布策略为重点，并同时尝试在目标冲突的前提下达到最优。作为一个典型的多任务优化问题，多阶段的、受限制的地点分配的物流问题是一个NP-hard问题。

调度APSC的一个挑战是如何兼顾顾客的满意程度与调度的高性能。国内由于大规模供应链的违法操作以及物流信息的缺失，损坏或变质的农产品曾经造成消费者中毒甚至死亡，因此，相对于其他供应链，农产品供应链有更多特殊需求。可信赖性作为集成了可靠性、可用性和声誉的重要综合指标，是APSC调度的关键需求。一个可信赖的APSC调度需要满足以下条件：①过程和结果必须符合客户的期望；②所有农产品都有质量和安全保证；③供应链系统是可靠的，并且可以在实时、复杂的物联网（IoT）环境中使用。

在供应链系统中，农产品通过射频识别（RFID）标签和传感器，将大量数据从供应链传输到云平台。一旦农产品到达顾客手中，顾客的评价数据可以使用网络爬虫通过各种网站和应用收集。目前，大数据已经为APSC提供了更精确的数据与多情境的智能化服务，并在全球大规模电子商务供应链中发挥着重要的作用。比如，顾客评价可以帮助农业公司与生产商提升产品的安全性与质量。因此，大数据已经成为可信赖的APSC调度算法的核心，推动着供应链管理的发展。

APSC的传统研究主要集中于成本与时间的权衡，缺少调度算法的可信赖性。随着大数据的发展，供应链的规模逐渐增大，可信赖性关系到调度的成功实现，成为APSC的关键需求。在新的大数据管理架构下，传统的调度模型和算法可能不适用于大规模且复杂的供应链。目前在大数据领域仍然缺少APSC的有效调度方法。

本章提出一种使用大数据的可信赖的APSC调度优化方法解决调度问题。首先，提供大数据驱动的体系结构，以揭示大数据中未充分利用的价值，以支持APSC管理。第二步，提出一种新颖的调度模型来保证多目标的APSC的可信赖性。第三步，提出一种进化算法来优化大型复杂供应链的调度。该方法在按照规模大小，从小到大，依次在12种不同规模的测试实例上进行了测试，实验结果表明这个方法是有效的。

8.1 相关技术介绍

本章与供应链调度（计划）和大数据的早期研究紧密相关。大数据开启了全球电子商务中供应链调度的新时代。

8.1.1 大数据与供应链

大数据是一场改变了供应链设计和管理的革命。科学家们提出各种模型、框架和方法来使用大数据，从此实现供应链管理，如启发式建模、创新的五步框架和系统方法。Wani 和 Ashtankar 提出了使用大数据技术的供应链调度的概述。在以上研究中，大数据对消费者的生活有着重大影响，并为供应链管理带来了机遇和挑战。然而，大数据和供应链研究主要集中于概念和方法的介绍，而缺乏数据分析和处理的工作。

大数据分析（BDA）可以应用于各种供应链中来改善全局性能，已经受到越来越多的关注。一篇关于 BDA 在供应链管理中应用的审查已经为后续研究制定了未来的新议程。BDA 在乳品供应链中的应用已在论文中得到证明。科学家提出了一种动态能力理论来概念化 BDA，为组织带来有力的竞争优势。显然，在调度算法方面，当前仍然缺乏大规模的商业应用和有效的实验验证。大数据技术中，声誉、可用性与可靠性作为制约合理供应链调度的关键因素，并未得到充分考虑。

8.1.2 供应链调度模型和算法

为了解决供应链调度中的难题，科学家们在过去的几年中提出了各种方法。模型和算法在供应链调度研究中起着关键作用，例如多级不平衡供应链的数学模型、非线性混合整数模型、混合整数线性多目标规划模型、闭环供应链、绿色供应链和基于区块链的供应链。在此领域，提出的供应链计划都是有效的，并为特殊的应用领域找到了最佳解决方案。然而大多数模型以时间和成本为主要目标，且未考虑大数据技术。供应链也被建模为具有不同梯队的网络，例如两级供应链网络、三梯级供应链网络和多梯级供应链网络。由于大数据环境中供应链的结构非常复杂，本章将供应链的结构扩展为动态网络。

近年来，免疫遗传算法、最大和算法、混合算法、混合 PSO 算法、MPSO 算法、混合 VNS-HS 算法、元启发式算法和遗传算法也被应用到供应链中并表现出出色的性能。供应链调度的目的是找到一种合适的调度方案，从而在保持农产品的有效管理的同时，实现客户的最高满意度。为了实现这一目标，本章着重提出一种新的进化算法来解决大数据环境中的多目标、大规模、结构复杂的供应链调度问题。

8.2 提出的方法

8.2.1 大数据驱动的 APSC 管理架构

大数据驱动的 APSC 管理架构如图 8-1 所示。在供应链系统中，大数据包括农产品数据、网站与应用数据以及物流数据，例如二维码、供应商、时间、成本距离、图像、保鲜温度与湿度、客户评价、视频、丢失率、可用性、可靠性、声誉，运输路径、数量、阈值和容量等。可以将大数据驱动的 APSC 管理总结为以下过程的相互作用。

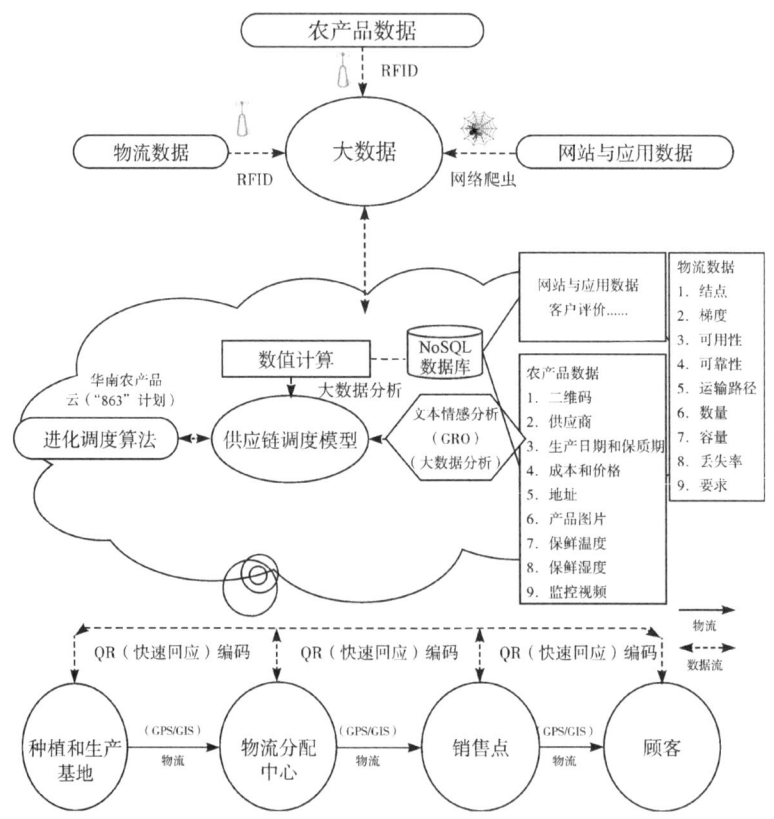

图 8-1 大数据驱动的 APSC 管理体系结构

步骤 1（大数据平台和 RFID）：RFID 标签对应供应链系统中的各种农产品。同时，应建立农产品大数据平台以提供技术支持。我们已经在国家高新技术研究发展计划（"863"计划）中构建了华南农产品云。

步骤 2（大数据管理）：农产品数据和物流数据通过物联网和移动设备被有效索引并存储在大数据平台中，同时使用网络爬虫用于从网站（JD）或各种应用程序中获得客户评论。

步骤 3（信誉与 GRU）：2014 年推出的门控循环单元（GRU）可被用于捕获文本

的深特征并分析客户评论。我们可以将所有客户评论进行分类并转换为值 1～5 的整数，用来表示信誉值。GRU 可以由以下公式表示：

$$h_t^j = \left(1 - z_t^j\right)h_{t-1}^j + z_t^j \tilde{h}_t^j \quad (8-1)$$

$$z_t^j = \sigma\left(W_z x_t + U_z h_{t-1}\right)^j \quad (8-2)$$

式中，h_t^j 代表 t 时刻 GRU 的激活状态；h_{t-1}^j 代表过去的激活状态；$\tilde{h}_t^j$ 是候选激活状态；z_t^j 决定了单元更新激活的程度，用于计算更新门。

步骤 4（可信赖的调度模型）：可信赖的调度模型可最大程度地提高可信赖性的同时深入地理解 APSC 管理。在此调度模型中，客户能够为各种目标定义阈值，即为供应链应用程序设置信誉、截止日期、预算以及可靠性和可用性的下限。此外，模型还支持用户定义的目标偏好。

步骤 5（调度算法）：为了找到一种理想的调度算法，能满足用户偏好最优化，同时能在高维空间满足目标限制条件，我们提出了一种进化调度算法。

步骤 6（大数据驱动供应链调度）：在各种种植和生产基地，物流配送中心和销售点之间共享各种数据，形成数据流并驱动大数据中的供应链调度环境。

步骤 7（可信赖的调度程序）：用户定义抽象供应链计划并将其提交给大数据平台。在此阶段，用户还提交了供应链的各种客观要求，例如时间、成本、可用性、可靠性和声誉。为了实现可信赖的调度，根据解决方案调度表执行具体的供应链。

步骤 8（供应链数据备份）：完成各个调度实例后，以批处理的形式实时处理实际的目标值与其他所有的供应链数据，随后将处理后的数据存储在华南农产品云上。

"863"计划开发了大数据驱动的供应链管理软件系统。根据该体系结构，可以基于用户的输入数据执行 APSC 的调度，如图 8-2 所示。APSC 的销售点、种植和生产基地以及物流配送中心分布在各个地区。三种颜色节点分别代表种植和生产基地（绿色）、物流配送中心（黄色）和销售点（蓝色）。

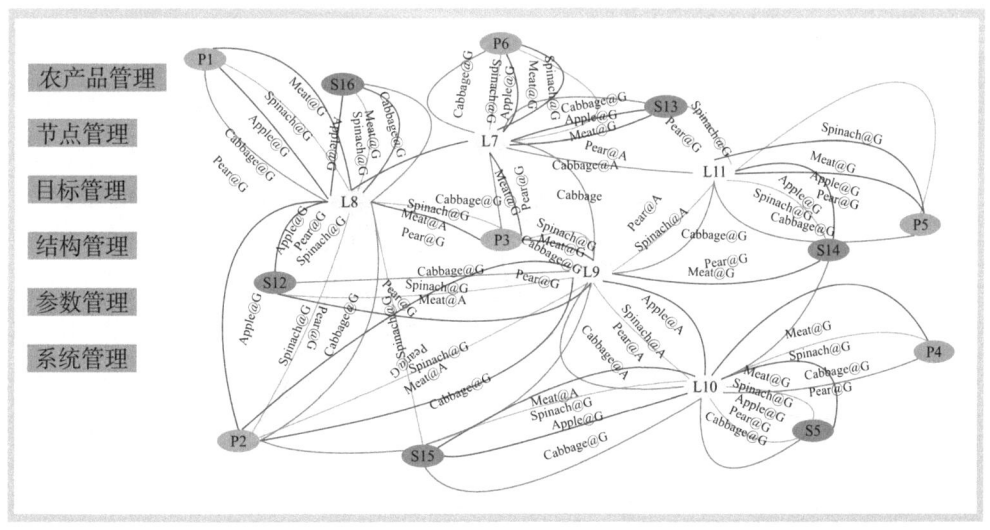

图 8-2 基于大数据的农产品供应链调度系统（@G 和 @A 分别表示地面和空中运输）

8.2.2 可信赖的 APSC 调度模型

作为多目标优化问题，可信赖的 APSC 调度应确保可用性、可靠性和声誉，同时也要考虑时间和成本。因此，在可信赖的调度模型中有相应的 5 种目标。时间、成本、可用性、可靠性和信誉被用作 APSC 中的评估标准，它们是彼此冲突的。因此对于所有调度目标，都不可能找到"最佳"的解决方案。通常，多目标问题可以转换为单个目标问题。采用加权累积函数 $f(u)$ 对 APSC 的可信赖调度模型进行建模，可以描述为

$$f(u) = \sum_{i=1}^{n} \omega_i u_i, \sum_{i=1}^{n} \omega_i = 1 \tag{8-3}$$

式中，ωi 是第 i 个目标函数的非负权重。

表 8-1 可信赖调度模型中使用的符号

符 号	定 义
k	农产品种类数
K_set	农产品种类集合
N	节点
N_set	节点集合，包括产品节点、中转节点和销售节点 $\{1, 2, \cdots, n\}$，n 为节点数
N_set_s	销售节点集 $\{1, 2, \cdots, n_s\}$，n_s 是销售节点数
N_set_{pt}	产品节点集 $\{1, 2, \cdots, n_{pt}\}$，n_{pt} 是产品节点数
N_set_t	中转节点集 $\{1, 2, \cdots, n_t\}$，n_t 是中转节点数
$Cost\_node_k^n$	在节点 n 下的农产品 k 的单位物流成本
$Time\_node_k^n$	在节点 n 下的农产品 k 的单位物流时间
$Cost\_tr_k^{n \to n^*}$	农产品 k 从结点 n 运输到结点 n^* 的单位物流成本
$Time\_tr_k^{n \to n^*}$	农产品 k 从结点 n 运输到结点 n^* 的单位物流时间
$Distance^{n \to n^*}$	从结点 n 到结点 n^* 的距离
$Rate\_tl_k^{n \to n^*}$	农产品 k 从结点 n 运输到结点 n^* 的物流损失率
A_node_n	节点正常工作的概率，表明此节点的可用性
Rel_node_n	节点 n 的平均故障间隔时间，表明此节点的可靠性
$A\_tr^{n \to n^*}$	从结点 n 到结点 n^* 的运输将会正常工作的概率，表明结点 n 到 n^* 的可用性
$Rel\_tr^{n \to n^*}$	结点 n 到结点 n^* 的运输可靠性，表明结点 n 到 n^* 的可靠性
$Rate\_nl_k^n$	在节点 n 下的农产品 k 的物流损失率
$Req\_node_k^{n_s}$	销售节点 n_s 下产品 k 的总需求量
$Req_k^{n_{pt}}$	信誉 $Reputation_k^{n_{pt}} = \frac{1}{m}\sum_{i=1}^{m} Rank_{i,k}^{n_{pt}}$，$m$ 是评论数，产品节点 $n_{pt} \in N\_Set_{pt}$
$Q_{tr\,p}^n$	从前一个节点到节点 n 的路径 p 上运输的农产品数量
δ_{Repu}	信誉的临界值
δ_{Time}^k	时间的临界值，确保总运输时间不超过产品 k 的保存时间

8 大数据驱动的农产品供应链管理：可信赖的调度优化方法

（续表）

符　号	定　义
$Capacity_{n_t}$	能够一次通过结点 n_t 的任何一种产品的最大数量
p	路径的个数
N_p	路径上的结点总数
K_p	路径 p 上的农产品 k
n_i^p	路径 p 上的第 i 个节点，n_i^p 是产品结点

表 8-1 列出了数学模型中使用的符号，随后对 APSC 的可信赖调度进行如下建模。

$$\text{Minf} = \omega_1 \left(\frac{\text{Time} - \text{Time}_{\min}}{\text{Time}_{\max} - \text{Time}_{\min}} \right) + \omega_2 \left(\frac{\text{Cost} - \text{Cost}_{\min}}{\text{Cost}_{\max} - \text{Cost}_{\min}} \right) + \omega_3 \left(1 - \frac{\text{Rep} - \text{Rep}_{\min}}{\text{Rep}_{\max} - \text{Rep}_{\min}} \right)$$
$$+ \omega_4 \left(1 - \frac{A - A_{\min}}{A_{\max} - A_{\min}} \right) + \omega_5 \left(1 - \frac{\text{Rel} - \text{Rel}_{\min}}{\text{Rel}_{\max} - \text{Rel}_{\min}} \right) + \delta \widetilde{P}(x) \quad (8-4)$$

式中，$\text{Time}, \text{Cost}, \text{Rep}, A, \text{Rel}$ 分别表示时间、成本、信誉、可用性和可靠性。$\text{Time}_{\max}, \text{Time}_{\min}, \text{Cost}_{\max}, \text{Cost}_{\min}, A_{\max}, A_{\min}, \text{Rel}_{\max}$ 和 $\text{Rel}_{\min}$ 代表时间、成本、信誉、可用性和可靠性的最大值与最小值。$\widetilde{P}(x)$ 是惩罚函数，系数为 δ。

时间代表供应链的交付速度，由运输时间和节点时间组成。

$$\text{Time} = \sum_{p \in P_{Set}} \text{Time}_p \cdot Q_{\text{arrived}}^p \quad (8-5)$$

成本描述了供应链的执行费用，包括运输成本和节点成本。

$$\text{Cost} = \sum_{p \in P_{\text{set}}} \left(\frac{\sigma_{tr\,p}^{n_2^p}}{\left(1 - \text{Rate}_{nl\,k^p}^{n_1^p}\right)\left(1 - \text{Rate}_{tl\,k^p}^{n_1^p \to n_2^p}\right)} \cdot \text{Cost}_{\text{node}_{k^p}^{n_1^p}} + \sum_{i=2}^{N_p} Q_{tr\,p}^{n_i^p} \cdot \text{Cost}_{\text{node}_{k^p}^{n_i^p}} + \sum_{i=2}^{N_p} \frac{Q_{er\,p}^{n_i^p}}{1 - \text{Rate}_{tl\,k^p}^{n_{i-1}^p \to n_i^p}} \cdot \text{Cost}_{\text{node}_{tr\,k^p}^{n_{i-1}^p \to n_i^p}} \right) \quad (8-6)$$

声誉取决于客户的经验和评论。

$$\text{Rep} = \sum_{p \in P_{\text{set}}} \text{Rep}_{k^p}^{n_1^p} \cdot Q_{\text{arrived}}^p \quad (8-7)$$

可用性衡量规定时间内供应链的服务能力，包括节点可用性和运输可用性。

$$A = \sum_{p \in P_{\text{set}}} A_p \cdot Q_{\text{arrived}}^p \quad (8-8)$$

可靠性表示供应链的执行能力，分为节点可靠性和运输可靠性。

$$\text{Rel} = \sum_{p \in P_{\text{set}}} \text{Rel} \cdot Q_{\text{arrived}}^p \tag{8-9}$$

$\widetilde{P}(x)$ 定义如下：

$$\widetilde{P}(x) = \sum_{n_t \in N_{\text{set}_t}} \left| \min\left(0, \frac{\text{Capacity}_{n_t} - \sum_{p \in P_{\text{set}}} Q_{tr\,p}^{n_t}}{\text{Capacity}_{n_t}}\right) \right|^\alpha, \alpha \geq 1 \tag{8-10}$$

Time_p 是路径 p 的总传播时间：

$$\text{Time}_p = \sum_{i=1}^{N_p} \text{Time}_{\text{node}_{k^p}}^{n_i^p} + \sum_{i=1}^{N_p-1} \text{Time}_{tr\,k^p}^{n_i^p \to n_{i+1}^p} \tag{8-11}$$

A_p 是路径 p 正常工作的概率：

$$A_p = \prod_{i=1}^{N_p} A_{\text{node}_{n_i^p}} \cdot \prod_{i=1}^{N_p-1} A_{tr}^{n_i^p \to n_{i+1}^p} \tag{8-12}$$

Rel_p 是路径失败之间的平均时间：

$$\text{Rel}_p = \frac{1}{\sum_{i=1}^{N_p} \dfrac{1}{\text{Rel}_{\text{node}_{n_i^p}}} + \sum_{i=1}^{N_p-1} \dfrac{1}{\text{Rel}_{tr}^{n_i^p \to n_{i+1}^p}}} \tag{8-13}$$

P_{Set} 表示为所有可能路径的集合。

$$P_{\text{Set}} = U_{K \in K_{\text{Set}}} U_{i=3}^N \left\{ p \left| \begin{array}{c} k^p = k, n_1^p \in N_{\text{Set}_{pt}}, \{n_2^p, n_3^p, \cdots, n_{i-1}^p\} \subset N_{\text{Set}_t}, \\ n_i^p \in N_{\text{Set}_s}, \text{Reputation}_k^{n_i^p} \leq \delta_{\text{Repu}}, \\ \text{Time}_p \leq \delta_{\text{Time}}^k \end{array} \right. \right\} \tag{8-14}$$

图的深度优先遍历用于获取此集合。Q_{arrived}^p 定义为最终通过路径 p 到达销售节点并可以由客户购买的产品数量：

$$Q_{\text{arrived}}^p = Q_{tr\,p}^{n_{N_p}^p} \cdot \left(1 - \text{Rate}_{nl\,k^p}^{n_{N_p}^p}\right) \tag{8-15}$$

限制条件：

对于每个 N_Set_s 中的 n_s 和每个 K_{set} 中的 k 来说：

$$\sum_{\substack{p \in P_{\text{set}} \\ k^p = k \\ n_{N_p}^p = n_s}} Q_{\text{arrived}}^p = \text{Req}_{\text{node}_k}^{n_S} \tag{8-16}$$

对于每个 P_{set} 中的 P 和每个从 2 到 (N_p-1) 的 P 来说：

$$Q_{tr\,p}^{n_i^p} \left(1 - \text{Rate}_{nl\,k^p}^{n_i^p}\right)\left(1 - \text{Rate}_{tl\,k^p}^{n_{i+1}^p}\right) = Q_{tr\,p}^{n_{i+1}^p} \tag{8-17}$$

对于每个 N_Set_s 中的 n_s：

$$\sum_{p \in P_{\text{set}}} Q_{tr\,p}^{n_t} \leq \text{Capacity}_{n_t} \tag{8-18}$$

本章根据供应链的规模和复杂性，将 APSC 的结构分为三层、多层和网络（动态）三种，如图 8-3 所示。

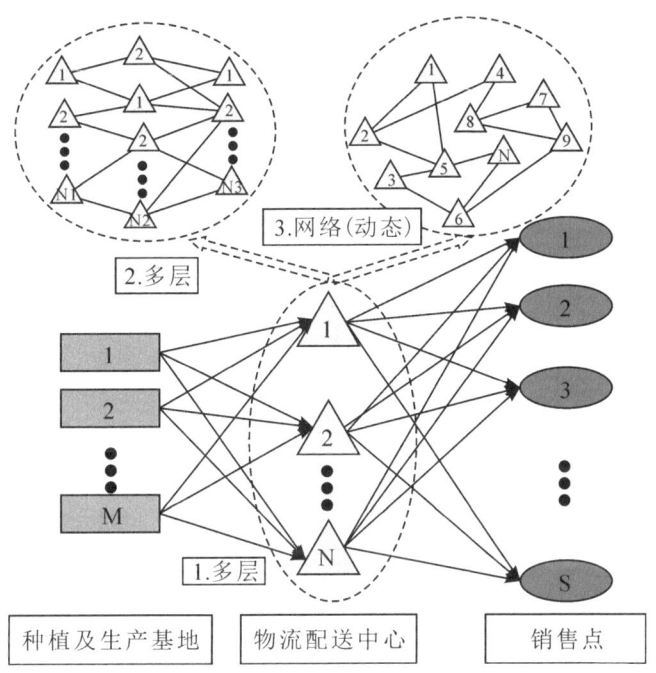

图 8-3 APSC 的结构

8.2.3 创新的调度进化算法

8.2.3.1 一种新的进化算法

在 2011 年，我们提出了一种旋转混沌 PSO 算法（RCPSO），通过使用 g_{best} 和 p_{best} 的双重扰动来调度网格工作流。在 RCPSO 的基础上提供了一种反弹过程来提高粒子群的搜索能力和收敛速度，然后提出了一种弹性混沌粒子群优化算法（ECPSO）来调度 APSC。ECPSO 的流程图如图 8-4 所示。

反弹过程：假设 0 是维度的下限。如果粒子移动到 0 以下，只需在算法中将粒子的位置设置为等于 0。可能所有粒子都被压在位置 0，我们认为这是最优位置。在这种情况下，将不再尝试除 0 以外的任何位置。但是，随着粒子在其他维度上改变其位置，位置 0 可能不再是最佳位置。因此，我们让粒子在边界处反弹。这极大地丰富了边界附近位置的多样性，并使粒子始终始终积极地寻找更好的位置。弹跳过程可以表述为：

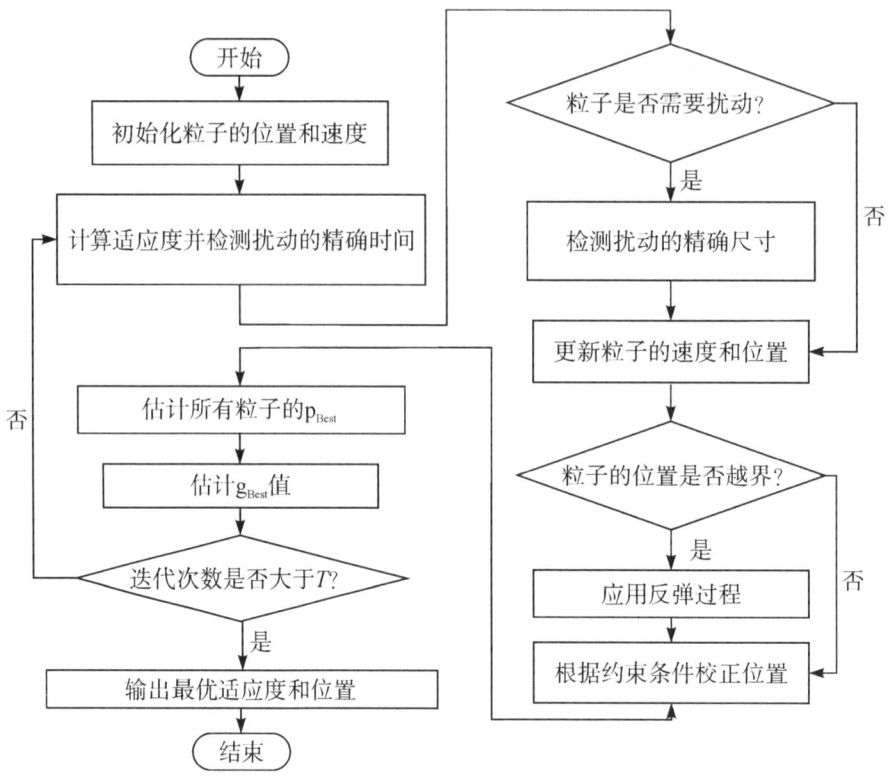

图 8-4 ECPSO 流程

$$x_i' = \begin{cases} x_i, x_i \geq 0 \\ -x_i \cdot c, x_i < 0 \end{cases} \quad (8-19)$$

$$v_i' = \begin{cases} v_i, v_i \geq 0 \\ -v_i \cdot c, v_i < 0 \end{cases} \quad (8-20)$$

式中，x_i 和 v_i 分别是反弹前维度 i 中粒子的位置和速度；x_i' 和 v_i' 是弹跳后尺寸 i 中的粒子的位置和速度；c 是弹性系数。

8.2.3.2 粒子的编码方法

粒子的编码是 ECPSO 算法在高维空间中寻找最佳解的前提。在这个算法中，粒子尺寸的数量等于从种植和生产基地到销售点的所有路径的数量，每个尺寸对应一个运输路径。根据式（8-14），可以使用图的深度优先遍历算法获得所有可能的路径。然后应用 P_{set} 中列出的约束来获取所有有效路径。粒子的位置用浮点数编码，该浮点数表示路径的农业生产的运输量，表示为 $X_i = (x_{1i}, x_{2i}, ..., x_{Di})$，其中 i 是粒子的序列号，D 是总维数。

8.3 实验

该实验是在装有 IntelCorei7-4790k，CPU4.00GHz 和 16GRAM 的计算机上进行的。操作系统是 MSWindows8.1、Python2.7（GRU）、Keras1.0.2（GRU），编译器是 VS2015（ECPSO）。如表 8-2 所示，在从小规模到大规模的 12 个 APSC 的规模测试实例中测试了可信赖的调度模型和 ECPSO 算法。

表 8-2　各种供应链的测试实例

Test Instances	Types	Echelon	Tasks（nod）	Dimensions
Instance_1	5	3	3×4×5	300
Instance_2	5	3	15×10×15	11250
Instance_3	5	5	5×4×3×4×5	6 000
Instance_4	5	5	4×4×2×5×8	6 400
Instance_5	5	5	8×4×2×3×6	5 760
Instance_6	5	6	3×4×5×5×4×3	18 000
Instance_7	5	6	10×5×3×3×4×5	45 000
Instance_8	5	6	5×4×3×3×5×10	45 000
Instance_9	5	6	5×4×3×3×4×5	18 000
Instance_10	5	Network	3P 3L 3S	130
Instance_11	5	Network	6P 5L 6S	1 000
Instance_12	5	Network	8P 10L 8S	1 0600

8.3.1　大数据和可信赖调度

在可信赖的调度实验中，时间、保质期、成本、价格、信誉、容量、丢失率、路径、可用性和可靠性的数据以及其他大数据来自华南农产品云。算法和模型的部分参数和值如表 8-3 所示。Web 爬虫程序从京东网（www.JD.com）收集了客户评论（声誉）。截至 2017 年 9 月，已从京东收集了 474 332 条有效的客户评论，分析结果如表 8-4 所示。

表 8-3 算法和模型中的部分参数值

Number of particles	50	c_1+c_2	1.8+1.8<4
$^a m$	1 000 000（JD：474, 332）	k	5
$^b \text{Rate\_tl}_k^{n \to n^*}$	$[0.0, 0.1 \cdot \text{Distance}^{n \to n^*}]$	$^c \text{Rate\_tl}_k^{n \to n^*}$	$[0.0, 0.07 \cdot \text{Distance}^{n \to n^*}]$
Rate_nl_k^n	$[0.0, 0.1]$	$\text{Req\_node}_n^{n_s}$	$[10, 100]$
A_node_n	$[0.985, 0.999]$	$\text{A\_tr}^{u \to n^*}$	$[0.985, 0.999]$
Rel_node_n	$\left[0.8 \cdot \dfrac{1}{1-A_{\text{node}_n}}, 1.2 \cdot \dfrac{1}{1-A_{\text{node}_n}}\right]$	$\text{Rel\_tl}^{n \to n^*}$	$\left[0.8 \cdot \dfrac{1}{1-A\_tr^{n \to n^*}}, 1.2 \cdot \dfrac{1}{1-A\_tr^{n \to n^*}}\right]$
δ_{Repu}	$[1, 5]$	$\text{Reputation}_n^{n_s}$	$[1, 5]$
Capacity_{n_t}	$\left[0.5 \cdot \dfrac{\sum_{n_s \in N_{\text{set}_s}}^{k \in K_{\text{set}}} \text{Req\_node}_k^{n_s}}{\|N_{\text{set}_s}\|}, 1.5 \cdot \dfrac{\sum_{n_s \in N_{\text{set}_s}}^{k \in K_{\text{set}}} \text{Req\_node}_k^{n_s}}{\|N_{\text{set}_s}\|}\right]$	$\omega_1=\omega_2=\omega_3=\omega_4=\omega_5=0.2$	

注：
a 除京东数据（474332）外，1000000 条客户评论对应信誉 1～5，均为随机生成.
b 地面运输物流损失率.
c 空中运输物流损失率.

表 8-4 474 332 名顾客评论的情感分析结果

ID	Product type	Brand	^{b}Num_CC	Train (Number)	\multicolumn{5}{c}{Test^c (Reputation)}	^{d}FRat

ID	Product type	Brand	^{b}Num_CC	Train (Number)	1	2	3	4	5	^{d}FRat
1-1	Beef	Hengdu®	12 675		78	32	856	4 798	6 911	92.379%
1-2	^{a}（176 700	Yishai®	4 678	16 000	31	22	810	1 369	2 446	81.552%
1-3	and 25 216）	Aoniubao®	7 863		98	54	998	2 421	4 292	85.375%
2-1		Jinglongyu®	75 786		106	76	7 807	22 567	45 230	89.458%
2-2	Rice	Taijingxiang®	46 790		88	90	5 067	19 865	21 680	88.790%
2-3	^{a}（2 371 793	Fulingmen®	45 673	50 000	124	75	6 367	23 789	15 318	85.624%
2-4	and 182 924）	Huayun®	6 784		87	35	1 008	3 213	2 441	83.343%
2-5		Tailiang®	7 891		88	65	1 298	2 765	3 675	81.612%
3-1		Wenshi®	2 658		45	34	432	678	1 469	80.775%
3-2	Chicken	Shangxian®	3 421	10 000	19	32	834	1 380	1 156	74.130%
3-3	^{a}（182 708	Dacheng®	7 078		21	23	1 308	2 906	2 820	80.899%
3-4	and 16 700）	Taisheng®	3 543		61	22	665	994	1 801	78.888%
4-1	Papaya	Zhanhui®	2 376		32	19	475	984	866	77.862%
4-2	^{a}（105 693	Hainantx®	8 765	10 000	141	15	1 343	2 897	4 369	80.899%
4-3	and 12 395）	Binggu®	1 254		22	17	184	265	766	78.888%
5-1		Arla®	34 578		101	181	3 456	5 678	25 162	77.862%
5-2	Milk	Theland®	72 422		210	78	8 762	23 567	39 805	82.898%
5-3	^{a}（1 830 866	Oldenburger®	81 089	50 000	109	65	8 793	25 328	46 794	82.217%
5-4	and 217 097）	Weidendorf®	5 789		62	20	788	1 876	3 043	89.190%
5-5		Meadowfresh®	23 219		102	89	3 567	2 988	16 473	87.504%

注：
a 客户评论总数以及网络爬虫收集的客户评论数量；
b Num_CC 为网络爬虫收集的客户评论数量；
c 信誉 1、2、3、4 和 5 分别对应测试中的负面 1、负面 2、中性 3、正面 4 和正面 5；
d FRate 为正面 4 和正面 5 的百分比之和.

如表 8-4 所示，这些客户评价针对分为 5 大类的 22 种农产品。根据它们在华南农业云上有效数据的受欢迎程度和丰富度，对 5 类农产品进行选择并测试。京东拥有超过 2.663 亿活跃客户，是中国两大 B2C 在线零售商之一。

为了确保大数据的数量和多样性，除了京东（474 332）的数据外，随机生成了 1 000 000 条客户评价，这些评价与 1~5 的信誉相对应。过滤客户评论中的所有图片和短视频（474 332），然后将客户评论的文本作为数据集存储在大数据平台中，如图 8-1 所示。为了训练 GRU，必须选择一组客户评论，以提供每种农产品的信息。每种农产品的顾客评价数量如下：牛肉 16 000 条，大米 50 000 条，鸡肉 10 000 条，木瓜 10 000 条和牛奶 50 000 条。评论的词向量用作 GRU 的输入。表 8-4 列出了 474 332 条客户评论的情感分析结果。从 GRU 的分析结果可以看出，所有客户评论可分为 5 个情感度：负 1、负 2、中性 3、正 4 和正 5。同时，完成从半结构化文本到结构化值的转换，并实现了 DBA。

负面 1 和负面 2 分类下的客户评论百分比非常低。主要原因是京东的 22 种农产品深受客户欢迎。金龙鱼大米的满意率达 89.458%，只有 106 条负面 1 的顾客评价，这表明这种稻在中国很受欢迎。横渡牛肉在所有农产品中最受欢迎。该产品的情绪分析结果显示了人们在过去几年中对优质牛肉的偏爱。欧德堡牛奶和金龙鱼大米这两种农产品都有超过一百万的顾客评论。大量的客户评论显示了中国强大的消费能力和发达的电子商务。显然，作为一种深度学习方法，GRU 是一种用于农产品 JD 评论的有效文本情感分析方法。同时，针对 4 种鸡肉的详细情绪分析结果还显示，客户认为 JD 的鸡肉产品非常好，因为无论是正 4 或正 5 的评价数量都大于评价情感度为负 1、负 2 和中性 3 的评价数量总和。因此，基于客户评论，GRU 可以提供完整的数据值（信誉）集合，这些数据值可以直接用于 APSC 的可信赖调度模型中。

8.3.2　ECCPSO 用于对 APS 进行可靠调度的优化

为了进一步验证在大数据环境中提出的调度模型和 ECPSO，将 ECPSO 与另外两个 PSO（HPSO 和 MPSO）进行比较，以处理 APSC 的各种规模调度。在供应链计划的 12 个不同规模的测试实例中进行实验，客户评论最大值设置为 1 000 000，并且最大搜索维度为 45 000。为了减少统计误差，每个测试实例都被独立模拟 20 次。所有算法的收敛特征的平均值（20 次测试）都被列在图 8-5 中。从图 8-5 可以看出，调度模型在 10 000 次迭代期间是健壮且可靠的。

每种算法可以在除 Instance_12 之外的所有测试实例中搜索有效的解决方案并实现 APSC 的最佳可信赖调度。在这种情况下，图 8-5 中显示的极高的平均适应度，表明 MPSO 和 HPSO 找不到最佳解决方案。在早期迭代中，ECPSO 的收敛速度较慢。但在随后的迭代中，ECPSO 在 Instance_2、Instance_3、Instance_4、Instance_5、Instance_6、

Instance_7、Instance_8 和 Instance_9 中具有适应性跳跃。这表明反弹过程可以帮助 ECPSO 在高维空间中实现更好的搜索质量，并且 ECPSO 为所有测试实例提供最高的解决方案精度。

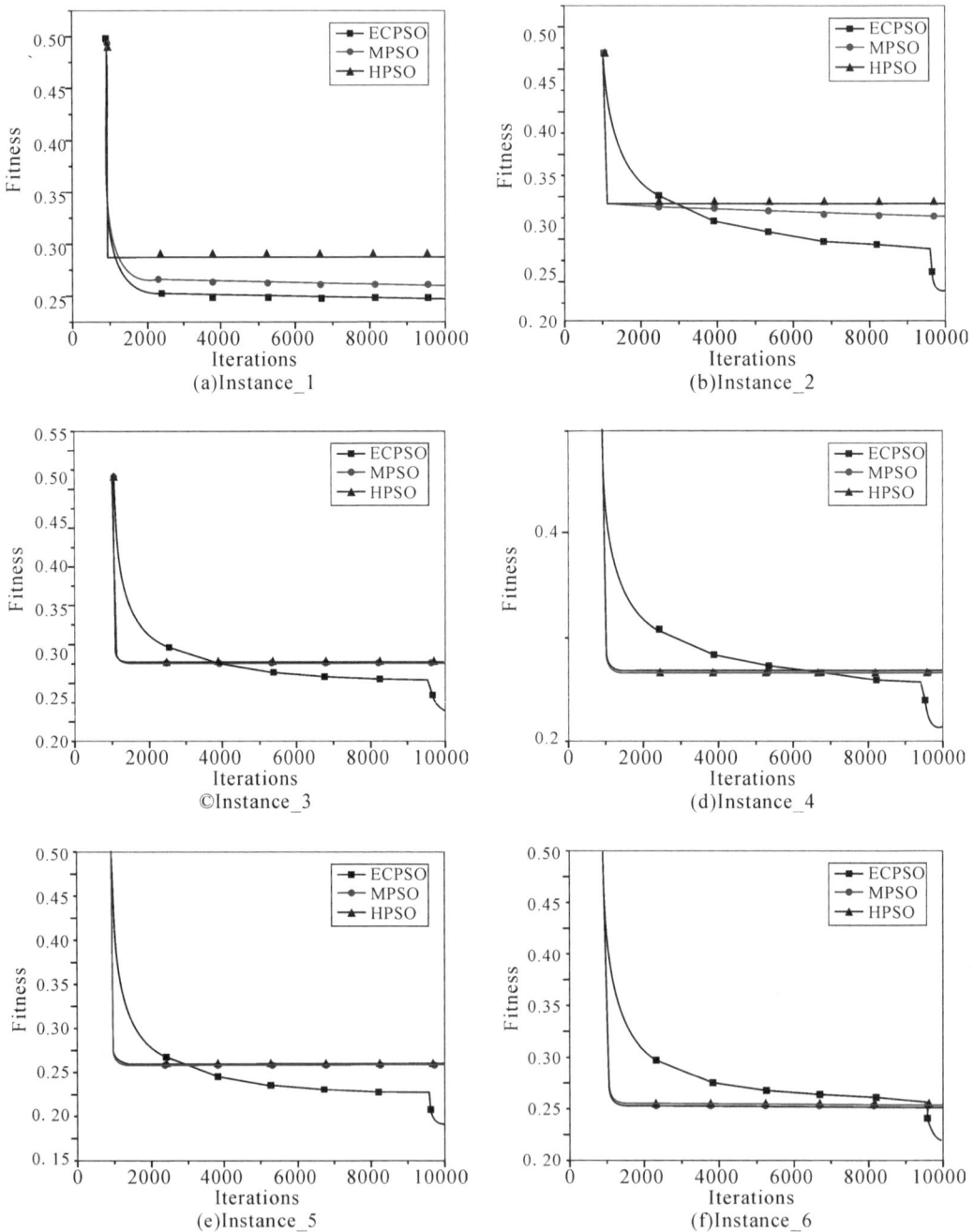
(a)Instance_1　(b)Instance_2　(c)Instance_3　(d)Instance_4　(e)Instance_5　(f)Instance_6

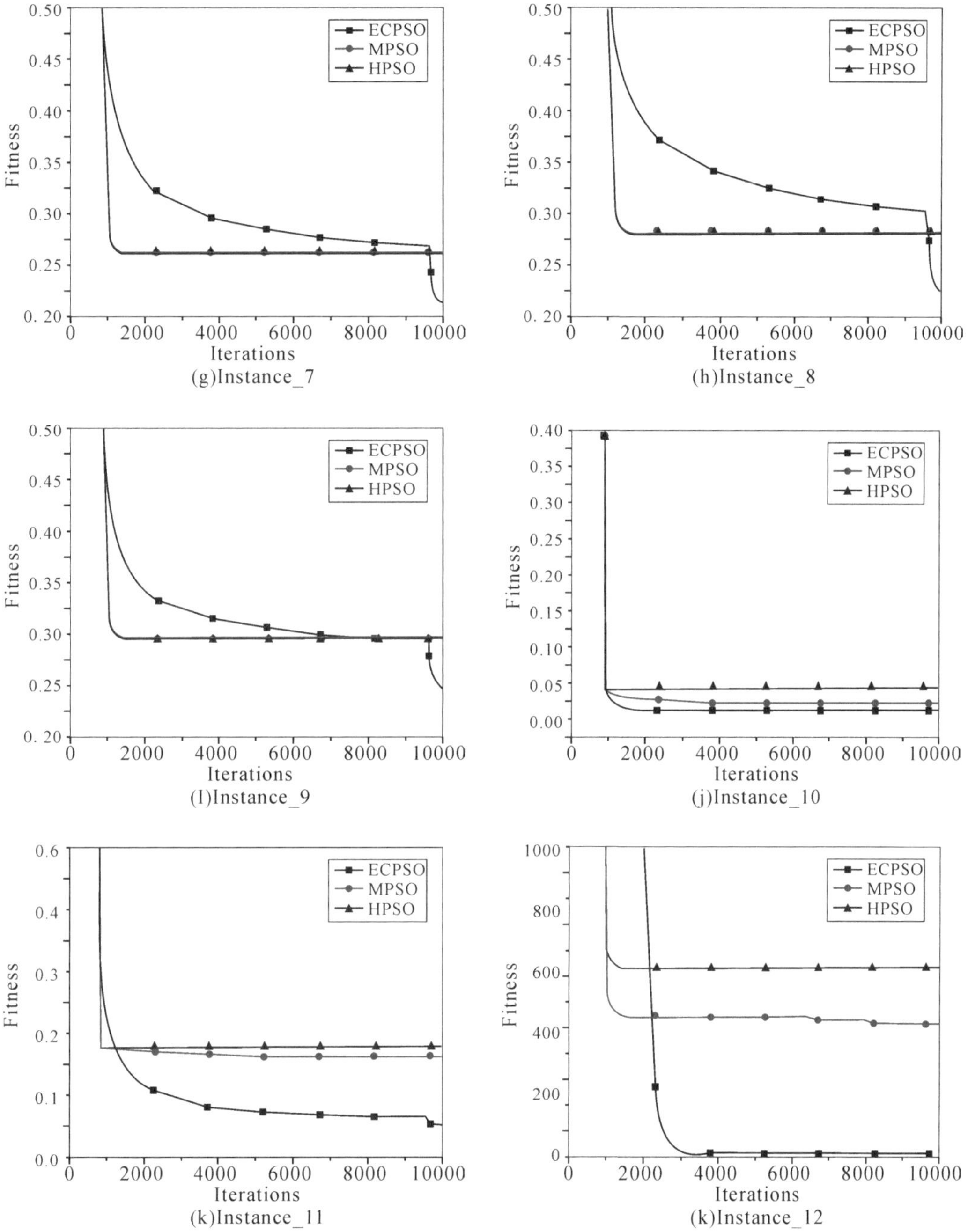

8 大数据驱动的农产品供应链管理：可信赖的调度优化方法

图 8-5 在 12 个测试实例中比较 3 种不同的 PSO

表 8-5 不同算法的准确率对比

Test Instances		HPSO	MPSO	ECPSO
Instance_1	Mean fitness	0.290982	0.262350	0.257016
	PNN*		90.16%	88.33%
	Best fitness	0.26322	0.254687	0.250047
	PNN*		96.76%	95.00%
Instance_2	Mean fitness	0.325173	0.3107	0.232909
	PNN*		95.55%	71.63%
	Best fitness	0.304243	0.297588	0.229565
	PNN*		97.81%	75.45%
Instance_3	Mean fitness	0.292924	0.290535	0.23731
	PNN*		99.18%	81.01%
	Best fitness	0.276198	0.271622	0.233277
	PNN*		98.34%	84.46%
Instance_4	Mean fitness	0.262288	0.26338	0.210211
	PNN*		100.42%	80.15%
	Best fitness	0.245116	0.242391	0.203554
	PNN*		98.89%	83.04%
Instance_5	Mean fitness	0.263849	0.260143	0.191431
	PNN*		98.60%	72.55%
	Best fitness	0.236144	0.233531	0.187664
	PNN*		98.89%	79.47%
Instance_6	Mean fitness	0.254635	0.252917	0.218527
	PNN*		99.33%	85.82%
	Best fitness	0.235461	0.235092	0.208235
	PNN*		99.84%	88.44%
Instance_7	Mean fitness	0.263825	0.262668	0.214568
	PNN*		99.56%	81.33%
	Best fitness	0.248638	0.242695	0.207646
	PNN*		97.61%	83.51%
Instance_8	Mean fitness	0.282247	0.285125	0.225894
	PNN*		101.02%	80.03%
	Best fitness	0.264718	0.266484	0.218523
	PNN*		100.67%	82.55%
Instance_9	Mean fitness	0.298534	0.296275	0.251497
	PNN*		99.24%	84.24%
	Best fitness	0.274328	0.275481	0.246166
	PNN*		100.42%	89.73%
Instance_10	Mean fitness	0.04884	0.026416	0.015981
	PNN*		54.09%	32.72%
	Best fitness	0.02024	0.016957	0.015023
	PNN*		83.78%	74.22%
Instance_11	Mean fitness	0.180653	0.164638	0.056372
	PNN*		91.13%	31.20%
	Best fitness	0.142876	0.119384	0.055441
	PNN*		83.56%	38.80%
Instance_12	Mean fitness	613.8186	426.9143	0.136157
	PNN*		69.55%	0.02%
	Best fitness	0.299367	0.312256	0.10716
	PNN*		104.31%	35.80%

注：每个测试实例独立模拟 20 次.

8 大数据驱动的农产品供应链管理：可信赖的调度优化方法

平均适应度和最佳适应度的统计结果也显示在表 8-5 中。通过 20 个独立试验的最佳适应度和平均适应度来判断这三种 PSO 变体的求解精度。所有算法都可以在大多数 APSC 场景调度中获得可接受的解决方案，但是 ECPSO 在除 Instance_1 之外的所有测试用例上提供了最高的解决方案精度。在小型 APSC（Instance_1）中，ECPSO 的解决方案精度与 MPSO 相似，但是当供应链规模扩大时，其优势越来越明显，尤其是在动态（网络）供应链（Instance_10，Instance_11 和 Instance_12）中。即使路径（维度）为 45 000（Instance_7 和 Instance_8），ECPSO 仍然有效并且性能稳定。因此，ECPSO 可以解决大数据环境中 APSC 值得信赖的调度问题，并且特别适用于规模较大的多级供应链（45 000 个维度）和网络（10 600 个维度）供应链。

在模型中，惩罚函数用于替换容量约束。指数 α 和罚函数 δ 的系数的选择是目标函数中的关键。根据预实验，我们的实验选择惩罚参数 α 为 1.8 作为权衡，δ 取值为 7000。此外，弹性系数 c 越大，粒子的返回速度越大，因此该算法将具有更快的收敛速度，但同时最佳适应度的平均值从 0.8 降低到 1。因此在实验中选择 0.8 作为弹性系数。

8.3.3 可信赖带调度的各种目标值

表 8-6 根据 12 个测试实例中对 ECPSO 算法的最佳适用性，提供了可信赖调度的 5 个目标值。所有客观值都在我们的方法中被标准化。从表 8-6 中可以看出，我们的方法可以通过供应链为客户选择并提供优质的农产品。特别是在 Instance_6 中，信誉的最大值达到了 0.998。由于时间、成本、声誉、可用性和可靠性相互冲突，对于这 5 个目标，不可能找到"最佳"的解决方案。我们发现声誉的提高将导致其他目标价值的下降。比较 Instance_1 和 Instance_6，虽然 Instance_6 的信誉比 Instance_1 好，但 Instance_1 的可用性（0.716）和可靠性（0.630）更好。

表 8-6 不同目标的值对应于 12 个测试实例中 ECPSO 的最佳解决方案

Test Instances	时 间	成 本	信 誉	可用性	可靠性
Instance_1	0.280	0.148	0.819	0.716	0.630
Instance_2	0.242	0.177	0.855	0.705	0.547
Instance_3	0.235	0.159	0.883	0.575	0.508
Instance_4	0.185	0.156	0.993	0.547	0.454
Instance_5	0.172	0.170	0.923	0.691	0.613
Instance_6	0.189	0.196	0.998	0.614	0.460
Instance_7	0.189	0.179	0.981	0.617	0.451
Instance_8	0.259	0.194	0.957	0.684	0.574
Instance_9	0.226	0.241	0.915	0.644	0.464

（续表）

Test Instances	时间	成本	信誉	可用性	可靠性
Instance_10	0.028	0.006	0.993	0.971	0.986
Instance_11	0.075	0.013	0.900	0.971	0.939
Instance_12	0.109	0.029	0.832	0.892	0.784

在实验中，Instance_10、Instance_11 和 Instance_12 的 5 个目标结果要好于其他目标。因此可以得出结论，网络结构在这个方法中具有更高的效率和更好的可信赖性。尤其是 Instance_10 的时间（0.028）、成本（0.006）、可用性（0.971）和可靠性（0.986）优于所有其他测试实例。在调度中，根据表 8-3（ω_i=0.2），与可信度相关的 3 个调度目标（信誉、可用性和可靠性）占比 60%，因此可以认为我们的调度是可信的。在此方法中，还可以根据用户的实际需求调整目标值的权重，以实现不同的可信任调度。

图 8-6 显示了 3 个随机测试实例中到达信誉和信誉阈值之间的关系。到达声誉是被选择进入供应链并由客户购买的农产品的平均声誉价值。可以看到当信誉阈值增加时，到达信誉也随之增加。实验结果表明，采用较高的阈值可以提高算法中购买农产品的声誉。因此我们的方法可以通过在大数据环境中将信誉阈值设置为特定值来确保客户体验。

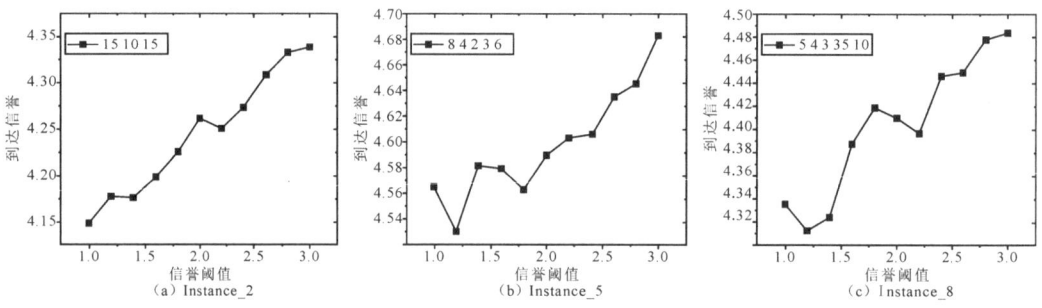

图 8-6　三个随机测试实例中的到达信誉和信誉阈值

8.4　结论与未来研究

本章提出了一种使用大数据的可信赖的 APSC 调度优化方法。在我们的方法中，提供了一种用于大数据驱动的 APSC 管理的新颖体系结构，以通过值计算和文本分析来支持 APSC 的可信赖调度。GRU 还用于处理客户评论文本并计算农产品的声誉。此外，提出了一种值得信赖的 APSC 调度优化模型，以最大程度地减少时间和成本，并根据调度程序的要求确保可用性、可靠性和声誉。另外提供了 ECPSO 算法来解决大型且结构复杂的供应链中可信赖的调度优化问题，并具支持客户设置信誉阈值，使之与大数据环境中的需求相对应。我们在 12 个 APSC 的各种规模测试实例中测试了该方法，设置客户评论最大值为 1 000 000，搜索空间维度最大值为 45 000，每个农产品生产商个数不超过 15。实验结果证明了该方法对于大数据驱动的 APSC 管理的有效性。

未来将考虑使用来自 JD 的实时数据和测试实例，以在动态环境中进一步测试和完善该方法，并将算法扩展到解决其他供应链调度问题。

参考文献

[1] MISHRA D, GUNASEKARAN A, PAPADOPOULOS T, et al, Big data and supply chain management: A review and bibliometric analysis[J]. Annals of Operations Research, 2016: 1–24.

[2] PAPADOPOULOS T, GUNASEKARAN A, DUBEY R, et al. The role of big data in explaining disaster resilience in supply chains for sustainability[J]. Journal of Cleaner Production, 2017, 142: 1108-1118.

[3] HARPREET K, PRAKASH S S. Heuristic modeling for sustainable procurement andlogistics in a supply chain using big data[J]. Computers & OperationsResearch, 2017, 98: 301–321.

[4] CAUTY R, Genetic Algorithms and Engineering Optimization. NewYork, NY, USA: Wiley, 2000.

[5] WANG G, GUNASEKARAN A, NGAI E, et al. Big data analytics in logistics and supply chain management: Certain investigations for research and applications[J]. International Journal of Production Economics, 2016, 176: 98-110.

[6] TRUONG N, LI Z; VIRGINIA S, et al. Big data analytics in supply chain management: Astate-of-the-artliterature review[J]. Computers & Operations Research, 2017, 98: 254-264.

[7] TAO Q, HUANG Z X, GU C Q, et al. Optimization of green agri-food supply chain network using chaotic PSO algorithm[C]. // Proc. IEEE Int. Conf. Service Oper. Logistics, Inform. (SOLI), Jul. 2013, pp. 462-467. IEEE International Conference on Service Operations & Logistics.

[8] TAO Q, HUANG Z, GU C Q, et al. Optimization of green agri-food supply chain network using particles warm optimization algorithm[J]. Computer Engineering and Networking. Cham, Switzerland: Springer, 2014: 91-98.

[9] GU C Q. TAO Q. Atransforming quantum-inspired genetic algorithm for optimization of green agricultural products supply chain network[J]. Computer Engineering and Networking. Cham, Switzerland: Springer, 2014: 145-152.

[10] WALLER M A, FAWCETT S E. Data science, predictive analytics, and big data: Arevolution that will transform supply chain design and management[J]. Journal of Business Logistics, 2013, 34 (2): 77-84.

[11] MA L, NIE F Y, LU Q. Ananalysis of supply chain restructuring based on big data andmobile Internet — A case study of warehouse-type supermarkets[C]. inProc. IEEEInt. Conf. GreySyst. Intell. Services(GSIS), 2015: 446-451.

[12] GHOSH D. Big data in logistics and supply chain management — Arethinking step[C]. inProc. Int. Symp. Adv. Comput. Commun. (ISACC), 2015: 168-173.

[13] CHOI T-M, SHEN B. Asystem of systems framework for sustainable fashion supplychain management in the big data era[C]. in IEEE International Conference on IndustrialInformatics, 2016: 902-908.

[14] FUKUI T. Asystems approach to big data technology applied to supply chain[C]. // 2016 IEEE International Conference on Big Data (Big Data), 2016: 3732-3736.

[15] WANI H, ASHTANKAR N. Big data in supply chain management[C]. // 2017 4thInternational Conference on Advanced Computing and Communication Systems(ICACCS). , 2017: 1-4.

[16] YAN W J, CHEN X, KCAN O A, et al. Big data analytics for empowering milk yieldprediction in dairy supply chains[C]. // IEEE International Conference on Big Data, 2015: 2132-2137.

[17] CHEN D Q, PRESTON D S, SWINK M. How the use of big data analytics affectsvalue creation in supply

chain management [J]. Journal of Management Information Systems, 2015, 32 (4): 4-39.

[18] ZHU Q H, SARKIS J, LAI K H. Examining the effects of green supply chainmanagement practices and their mediations on performance improvements [J]. International Journal ofProduction Research, 2012, 50(5): 1377-1394.

[19] MATHIYAZHAGAN K, GOVINDAN K, HAQ A N. Pressure analysis for green supplychain management implementation in Indian industries using analytic hierarchy process [J]. International Journal of Production Research, 2014, 52(1): 188-202.

[20] PAHL J, STEFAN V. Integrating deterioration and lifetime constraints in production andsupply chain planning: Asurvey [J]. European Journal of Operational Research, 2014, 238(3): 654-674, 2014.

[21] CHE Z H. A particle swarm optimization algorithm for solving unbalanced supply chain planning problems [J]. Applied Soft Computing, 2012, 12(4): 1279-1287.

[22] SRIVASTAV, AGRAWAL A, S. Multi-objective optimization of hybrid backorder inventory model [J]. Expert Systems with Applications, 2016. 51: 76-84.

[23] CHIBELES M, NELSON P V, TANIA B P, et al. Amulti-objective meta-heuristic approach for the design and planning of green supply chains –MBSA [J]. Expert Systems with Applications An International Journal, 2016, 47: 71-84.

[24] ONDEMIR O, ILGIN M A, GUPTA S M. Optimal end-of-life management in closed-loop supply chains using RFID and sensors [J]. IEEE Transactions on Industrial Informatics. , 2012, 8(3): 719-728.

[25] ZHANG S T, ZHAO X W. Fuzzy robust control for an uncertain switched dual-channel closed-loop supply chain model [J] . IEEE Transactions on Fuzzy Systems, 2015, 23(3): 485-500.

[26] TANG X Y, WEI G W. Models for green supplier selection in green supply chain management with Pythagorean 2-tuple linguistic information [J]. IEEE Access, 2018, 6: 18042-18060.

[27] TOYODA, MATHIOPOULOS K, SASASE P T, et al. Anovel block chain-based product ownership management system (POMS) for anti-counterfeits in the post supply chain [J]. IEEE Access, 2017, 5: 17465-17477.

[28] MOUSAVI S M, BAHREININEJAD A, MUSA S N, et al, Amodified particle swarm optimization for solving the integrated location and inventory control problems in a two-echelon supply chain network [J]. Journal of Intelligent Manufacturing, 2017, 28(1): 191-206.

[29] LEOPOLDO E C-B, GERARDO T-G, An optimal solution to a three echelon supply chain network with multi-product and multi-period [J]. Applied Mathematical Modelling, 2014, 38: 1911-1918.

[30] SARRAFHA K, RAHMATI S H A, NIAKI S T A, et al. Abi-objective integrated procurement, production, and distribution problem of a multi-echelon supply chain network design: Anew tuned MOEA [J]. Computers & Operations Research, 2015, 54: 35-51.

[31] WANG Y C, GENG X X, ZHANG F, et al. An immune genetic algorithm for multi-echelon inventory cost control of IOT based supply chains [J]. IEEE Access, 2018, 6: 8547-8555.

[32] WINSPER M, CHLI M. Using the max-sum algorithm for supply chain formation in dynamic multi-unit environments [J]. International Conference on Autonomous Agents & Multiagent Systems, 2012, 3: 1285-1286.

[33] SOLEIMANI H, KANNAN G. A hybrid particle swarm optimization and genetic algorithm for closed-loop supply chain network design in large-scale networks [J]. Applied Mathematical Modelling, 2015, 39: 3990-4012.

[34] LIU X B, LU S J, PEI J et al. Ahybrid VNS-HS algorithm for a supply chain scheduling problem with deteriorating jobs [J]. International Journal of Production Research, 2017: 1-18.

[35] PARK Y-B, YOO J-S, PARK H-S. Agenetic algorithm for the vendor-managed inventory routing problem with lost sales [J], Expert Systems with Applications, 2016, 53: 149-159.

[36] CHO K, MERRIENBOER B V, BAHDANAU D, et al. On the Properties of Neural Machine Translation: Encoder-Decoder Approaches [J]. Computer Science, 2014.

[37] TAO Q, CHANG H-Y, YI Y, et al. Arotary chaotic PSO algorithm for trust worthy scheduling of a grid workflow [J]. Computers & Operations Research, 2011, 38: 824-836.